Ana Rita B. Cohen

Sustentabilidade para restaurantes

DO SOLO AO PRATO

Respeitar, repensar, reorganizar, ressignificar, reciclar

CB050386

Dados Internacionais de Catalogação na Publicação (CIP)
(Claudia Santos Costa - CRB 8ª/9050)

Cohen, Ana Rita de Barros
  Sustentabilidade para restaurantes : do solo ao prato / Ana Rita de Barros Cohen. – São Paulo : Editora Senac São Paulo, 2025.

  Bibliografia.
  ISBN 978-85-396-5421-5 (impresso/2025)
  e-ISBN 978-85-396-4623-4 (ePub/2024)
  e-ISBN 978-85-396-4622-7 (PDF/2024)

  1. Gastronomia – Restaurantes sustentáveis.   2. Administração de restaurantes – Responsabilidade ambiental.   I. Título.

25-2410c
CDD – 647.95
BISAC CKB000000
BUS041000

Índice para catálogo sistemático:
1. Restaurantes : Planejamento e administração   647.95
2. Gastronomia : Sustentabilidade   647.95
3. Gastronomia : Restaurantes sustentáveis   647.95

Ana Rita B. Cohen

Sustentabilidade para restaurantes

DO SOLO AO PRATO

Respeitar, repensar, reorganizar, ressignificar, reciclar

Editora Senac São Paulo – São Paulo – 2025

Administração Regional do Senac no Estado de São Paulo

Presidente do Conselho Regional: Abram Szajman
Diretor do Departamento Regional: Luiz Francisco de A. Salgado
Superintendente Universitário e de Desenvolvimento: Luiz Carlos Dourado

Editora Senac São Paulo

Conselho Editorial: Luiz Francisco de A. Salgado
Luiz Carlos Dourado
Darcio Sayad Maia
Lucila Mara Sbrana Sciotti
Luís Américo Tousi Botelho

Gerente/Publisher: Luís Américo Tousi Botelho
Coordenação Editorial: Verônica Marques Pirani
Prospecção: Andreza Fernandes dos Passos de Paula, Dolores Crisci Manzano, Paloma Marques Santos
Administrativo: Marina P. Alves
Comercial: Aldair Novais Pereira
Comunicação e Eventos: Tania Mayumi Doyama Natal

Edição e Preparação de Texto: Caique Zen Osaka
Coordenação de Revisão de Texto: Marcelo Nardeli
Revisão de Texto: Julia Campoy, Rebeca Fleury Kuhlmann
Coordenação de Arte: Antonio Carlos De Angelis
Projeto Gráfico e Editoração Eletrônica: Natália da Silva Nakashima
Capa e Ilustrações: Nina Cohen
Impressão e Acabamento: Piffer Print

Proibida a reprodução sem autorização expressa.
Todos os direitos desta edição reservados à

Editora Senac São Paulo
Av. Engenheiro Eusébio Stevaux, 823 – Prédio Editora
Jurubatuba – CEP 04696-000 – São Paulo – SP
Tel. (11) 2187 4450
editora@sp.senac.br
https://www.editorasenacsp.com.br

© Editora Senac São Paulo, 2025

Sumário

7   Nota do editor
9   Prefácio, por Priscila Herrera
13   Agradecimentos
15   Apresentação
21   Introdução

PARTE I   Os 5Rs dos restaurantes sustentáveis

27   Capítulo 1   Respeitar: a regeneração consciente do sistema alimentar
37   Capítulo 2   Repensar: o modelo de negócio
49   Capítulo 3   Reorganizar: a gestão humanizada
65   Capítulo 4   Ressignificar: a cozinha
79   Capítulo 5   Reciclar: os três resíduos da cozinha

PARTE II   Colocando os 5Rs em prática

97   Capítulo 6   Gastronomia responsável, cardápio sustentável e de baixo carbono
109   Capítulo 7   Aproveitamento integral dos alimentos
121   Capítulo 8   Compostagem
133   Capítulo 9   Objetivos de Desenvolvimento Sustentável para restaurantes
145   Capítulo 10   Certificações
149   Capítulo 11   Formando uma rede sustentável

163   Referências

Nota do editor

Momentos de grande transformação exigem a revisão de conceitos e atitudes, e o tempo em que vivemos deixa isso claro. As mudanças climáticas se aceleram e impõem a necessidade de uma mudança profunda também de mentalidade. Neste livro, Ana Rita de Barros Cohen assume uma perspectiva ampla e aponta caminhos para essa mudança, mas, antes de mais nada, nos provoca a repensar o que consideramos um "restaurante bem-sucedido".

Num mercado em que o simples fato de manter um estabelecimento aberto já representa uma vitória, é fácil incorrer no engano de medir o sucesso só por parâmetros financeiros. Essa perspectiva, porém, ignora a complexa teia de relações de um restaurante. Do produtor rural ao catador de recicláveis, passando pelos clientes e por todos os colaboradores, há uma enorme rede conectada pelo alimento.

Essa rede, nos lembra Ana Rita de Barros Cohen, é parte do meio ambiente. E toda ação, de qualquer um de seus atores, se reflete no ecossistema. Como então reduzir tudo isso ao balanço financeiro? É preciso mais do que nunca integrar outros fatores à noção de "sucesso": o impacto ambiental da empresa, a parceria com os fornecedores, o bem-estar dos funcionários, a saúde dos clientes...

Ao propor caminhos para os restaurantes, a autora não perde de vista o sistema alimentar como um todo, dialogando com os conceitos de governança ambiental, social e corporativa (ESG) e com os Objetivos de Desenvolvimento Sustentável (ODS) das Nações Unidas. Ela aborda também questões práticas da rotina de uma cozinha, que vão da elaboração do cardápio e a compra de ingredientes até a correta destinação dos resíduos. Tudo isso por meio de 5Rs (respeitar, repensar, reorganizar, ressignificar e reciclar) que servem de roteiro para todo restaurante que deseja se tornar de fato sustentável.

Teoria e prática, portanto, se completam nesta publicação que o Senac São Paulo apresenta a seus leitores. Nosso objetivo é dar visibilidade e difundir uma perspectiva de negócio comprometida com a sustentabilidade, a transformação social e o futuro do alimento.

Prefácio

Priscilla Herrera
Chef-sócia do restaurante Banana Verde

Este livro é uma oportunidade para reconhecermos que podemos fazer a diferença em nossos estabelecimentos. Muitas vezes, nós, empreendedores do setor de restaurantes, não conseguimos ampliar a visão para além daquilo que nos foi proposto ou preestabelecido. Mas, se pararmos para olhar o nosso negócio através dos 5Rs aqui propostos por Ana Rita de Barros Cohen, começamos a ter um norte: repensar, reorganizar, ressignificar, reciclar e, principalmente, respeitar.

Lembro quando o nosso restaurante, alguns anos atrás, estava em situação de alerta por conta do excesso de lixo. Aquilo estava nos deixando incomodados, e sabíamos que algo tinha de ser feito. Sentamos juntos com a Marísia Zanetti, nossa gestora de cálculos e profissional-chave para nossas finanças, e com o Iberê Canabrava, meu sócio, a quem agradeço por ter me trazido para o Banana Verde.

Na busca por soluções, começamos a pesquisar como organizar melhor a nossa empresa e criar novos hábitos. A princípio, pensamos que bastava solucionar a questão do lixo, mas logo percebemos que o problema era mais amplo. Estávamos decididos a deixar de ser um problema para começar a fazer a diferença.

Em nossa busca nos deparamos com um projeto multidisciplinar, baseado em conceitos e princípios éticos 100% sustentáveis, e que se casava com a nossa busca. Esse projeto estava alinhado com relações sustentáveis entre restaurante e produtores, o que já espelhava o nosso perfil. Tudo veio ao encontro do que procurávamos, mesmo que ainda não soubéssemos das transformações por que iríamos passar.

O projeto era o Cozinha Saudável-Responsável (CSR)[1], idealizado por Ana Rita de Barros Cohen usando como base o conceito dos 5Rs. Foi no início de 2018 que iniciamos a parceria com a Ana, e quase um ano depois alcançamos o nosso primeiro ano com o selo de qualidade CSR. E agora, quando escrevo este texto, seguimos comprometidos com o projeto, fortalecendo ainda mais toda a rede que nos diz respeito: produtores sustentáveis e artesanais, fornecedores, serviços ambientais, catadores, cooperativas, nossa equipe e nossos clientes.

Meses antes, havíamos contratado a Cecília Lume, nossa nutricionista, que abraçou nossa causa de corpo e alma, com uma visão que se encaixou perfeitamente na nova fase do Banana Verde. Como profissional responsável por implantar as novas ações da certificação CSR na empresa, ela agregou cada vez mais valor ao nosso trabalho.

Com o apoio do Iberê, seguimos em frente. Juntos, formamos um time forte, de muita sinergia. Começamos a repensar e a reorganizar nossas ações, do começo ao fim. Fizemos de nossa equipe nossa força. O desafio foi imenso, mas percebemos que ter uma equipe educada e consciente era fundamental para obter bons resultados.

Entendemos que aquele processo já estava fazendo a diferença, pois foi nosso despertar para o verdadeiro sentido do conceito de restaurante responsável e sustentável: algo bem mais amplo do que pensávamos no início, quando achávamos que o conceito de sustentabilidade se limitava à solução de problemas ambientais.

Hoje sabemos, quando olhamos para o lixo, que o maior desafio é entender todo o seu ciclo, do início da produção ao descarte dos resíduos, e o quanto isso interfere no lucro ou na perda financeira do

---

1   O programa CSR foi atualizado como projeto e selo SK (*Sustainable Kitchens* / Cozinhas Sustentáveis). Mais informações em: https://sustainablekitchens.com.br/consultoria-sk/

restaurante. Desperdiçamos demais, tanto o alimento propriamente dito como o investimento. Pagamos pelo alimento e depois o jogamos fora!

Em vez de apenas policiar a equipe, é importante capacitá-la, educá-la, sensibilizá-la. Quando conscientizamos os profissionais, percebemos imediatamente o impacto positivo na cozinha. A equipe começa a entender o ciclo do alimento: que o resíduo orgânico se torna composto, e que o material reciclável tem destino, não é lixo.

Juntos, aprendemos que o material reciclável tem valor de mercado (além do valor inestimável para as cooperativas que trabalham para reduzir o impacto ambiental de nossos descartes, desviando-os dos aterros). Passamos a respeitar e a honrar o trabalho dos catadores, contratando-os como parceiros.

Para que tudo fluísse bem, foi necessário entender o poder da capacitação, da vivência e da sensibilização de toda a equipe. Somente dessa forma todos compreenderam o seu papel de cidadãos e de colaboradores na empresa, tomando consciência da importância de finalizar o nosso ciclo de produção corretamente.

Outros desafios vieram à tona: como lidar com os fornecedores e trazê-los para o movimento que estava acontecendo no restaurante? Questionamos, por exemplo, o que nossos fornecedores estavam produzindo em excesso e como poderíamos utilizar esse excedente de um jeito criativo, na cozinha ou na alimentação da equipe. Pensamos também em como eles entregavam os produtos: será que é mesmo necessário embalar alimentos em isopor ou sacos plásticos? Como podíamos reutilizar as embalagens, dando mais vida ao ciclo delas? Repensamos coisas simples: por exemplo, ao dar um brinde para clientes, será que eles precisam de mais uma garrafinha entre as tantas que já ganham? E coisas complexas: será que não é o momento de repensar o meu papel como chef e empresária do restaurante? Como fazer a diferença a partir da relação com meus clientes?

Uma das questões mais delicadas é a das embalagens. Quão mais cara é uma embalagem biodegradável e compostável em comparação a outra que não terá o seu ciclo finalizado na reciclagem? Qual o impacto ambiental das embalagens em que entregamos refeições aos nossos clientes? Quanto lixo geramos cada vez que uma refeição sai de nosso restaurante? Será que é necessário gerar tanto lixo para tão poucas refeições? O consumidor compreende o problema e está, sim, incomodado com o seu impacto no meio ambiente.

O desafio é espelhar o que praticamos dentro do restaurante (nossos conceitos, nossa linguagem) na experiência do cliente. E para que haja esse alinhamento é preciso comunicar. A comunicação entre todos da equipe e entre os donos do estabelecimento e a comunidade é fundamental. Para o desenvolvimento sustentável do restaurante, foi crucial compartilhar nossas ações e trazer os clientes para a nossa jornada. Nesse sentido, um estudo feito pela Marísia durante a implantação das ações do selo CSR foi imprescindível. Esse estudo nos mostrou que estávamos no caminho certo.

Outro ponto muito importante é a relação com os colaboradores. Muitas vezes, ouço empreendedores reclamarem da falta de profissionais qualificados no Brasil. Mas, em vez de reclamar tanto, não seria mais bacana trazer os colaboradores para perto da empresa, mostrando que a organização também pertence a eles? Será que não é o momento de quebrar a imagem da organização composta de um ou dois donos que focam apenas no lado lucrativo? Não é hora de repensar o nosso propósito de vida em relação às nossas empresas e agir de acordo com isso?

Afinal, a qualidade do trabalho coletivo, o pertencimento às organizações e o crescimento econômico são fatores palpáveis, que precisam ser valorizados e equilibrados nos gráficos dos gestores. Acredite, essa nova era de que falo é possível (e necessária)!

Agradecimentos

Escrever este *Sustentabilidade para restaurantes: do solo ao prato* só foi possível graças ao apoio e ao incentivo de minha família e amigos. Agradeço em especial às minhas filhas Karina e Nina e ao meu marido Howard Cohen, pela paciência, pelo carinho e por toda a força que sempre me deram durante o desenvolvimento do livro.

Vivenciar o processo de mudança dentro de estabelecimentos e acompanhar os resultados é animador. Por isso, agradeço à minha querida amiga Priscilla Herrera, chef do Banana Verde, que compreendeu perfeitamente o significado de tudo isso enquanto implantamos os critérios Cozinha Saudável-Responsável (CSR) em seu restaurante. E agradeço às nutricionistas Cecília Lume e Marísia Zanetti, que se dedicaram (e muito) para fazer acontecer tantas ações lindas dentro do Restaurante Banana Verde.

Agradeço também à chef Alana Rox, fundadora do Purana, à chef Shanti Nilaya, do Condessa (restaurante cujas atividades infelizmente foram encerradas), e à querida chef Neka Menna Barreto, da Neka Gastronomia, por terem aceitado o desafio de contribuir com suas palavras e energia para esta obra. Agradeço ainda às queridas Regina Tchelly, da Favela Orgânica, que faz um trabalho social maravilhoso, e Flávia Cunha, da Casa Causa, que gentilmente cederam seus incríveis comentários. Essas são mulheres que admiro muito. Elas são fortes e acreditam que uma realidade mais amorosa e humana é possível, com valores que vão construir uma outra sociedade. Agradeço, enfim, a todos que acreditaram nesse projeto. Sei que juntos iremos construir os alicerces da cultura da paz, uma cultura mais justa e equilibrada. Eu acredito numa nova Terra.

Apresentação

A intenção deste livro é despertar o senso de propósito e a consciência no setor da gastronomia e nos serviços de alimentação. Todos nós desejamos impactar positivamente o mundo que habitamos. E isso envolve escolhas individuais e coletivas com consequências tanto no presente como para as futuras gerações.

Como seria se cozinheiros, chefs, empreendedores, nutricionistas, estudantes de gastronomia, aplicativos de comida e produtores de alimentos pudessem trabalhar juntos, unidos pelo mesmo propósito? Não seria incrível? Não falo de trabalhar apenas visando lucro, mas de trabalhar de forma inovadora, circular, integrada, num modelo de negócio em que todos saem ganhando. Ainda estamos longe desse modelo? Ele é mesmo possível? Para mim, os dois: esse modelo é possível e estamos longe de alcançá-lo, mas sei que, plantando a semente, os brotos virão, e depois os frutos para uma grande colheita.

Conheço chefs e empreendedores conscientes e arrojados, que atuam em projetos socioambientais e genuinamente desejam fazer a diferença. Essas pessoas me inspiram, me fazem continuar o caminho que venho percorrendo e que sinto ser o correto. Assim como elas, eu quero fazer e ser a diferença, e espero que você também.

Há anos trabalho como consultora e mentora para restaurantes e aprendi muito com isso. Estou consciente dos desafios, mas insisto na formação de novos multiplicadores, expandindo essa filosofia que já é parte de meu ser, que se tornou uma missão de vida.

Muitas vezes encontro profissionais numa posição indiferente. Profissionais que, por falta de conhecimento, não sabem por onde começar. Mas essa situação também me inspira, pois percebo o quanto ainda tenho a aprender nessa jornada. Todos nós estamos nos desenvolvendo, buscando evoluir, por isso devemos respeitar a todos. Mesmo que ainda em pequenos núcleos, já vejo mudanças significativas acontecendo no setor e percebo entre muitos certa vontade de compreender a afirmação: não existe plano B, e menos ainda outro planeta.

É preciso disposição para pavimentar o caminho e procurar soluções para os desafios que um restaurante enfrenta no dia a dia. Sabemos que esses desafios são numerosos. Então, quanto antes nos unirmos nesta empreitada, maior a possibilidade de criarmos uma nova realidade para o agora e, principalmente, para o futuro. Precisamos deixar um bom legado para as próximas gerações, algo de que todos tenhamos orgulho. E trabalhar em grupo será bem melhor do que desbravar o caminho sozinho. Assim podemos buscar soluções inteligentes e verdadeiras, mantendo cabeças e corações alinhados.

Gastronomia é ciência, arte e cultura. Ela compreende todo um universo, mas a matéria-prima é sempre o alimento. E o alimento é um assunto vasto, em especial neste momento que vivemos. É fundamental repensar, reconectar e regenerar o alimento, desde a sua essência. O alimento nos dá vitalidade, nos nutre, mantém nossa saúde e é um direito de todo ser humano. Ele é o nosso principal combustível!

O alimento também representa a biodiversidade e a qualidade do solo. Quando cultivado de forma saudável e sustentável, ele equilibra os ciclos da natureza e reduz ou neutraliza impactos climáticos. Se analisarmos como cultivamos o alimento, veremos que tudo está relacionado ao solo, de uma forma ou de outra. No entanto, o solo está bem machucado, e o nosso papel é reverter essa situação, trazendo soluções imediatas para "curar" o sistema alimentar e o meio ambiente. Esse é o primeiro grande desafio planetário.

Restaurantes podem mostrar à sociedade que transformar esse cenário é possível. Para isso, é importante compreender a total conexão dos restaurantes (e cozinhas comerciais de todos os tipos) com os pilares da sustentabilidade (sociais, culturais, ambientais, econômicos, políticos). Esses pilares são intrínsecos à nossa sociedade, aos nossos hábitos e às nossas escolhas.

Às vezes me pergunto qual seria o maior incentivo para consumidores repensarem seus conceitos, crenças e hábitos. Por outro lado, também me coloco na posição de empreendedor no setor. Como esse empreendedor pode compreender que tem em mãos todas as ferramentas e possibilidades para ser um multiplicador de hábitos saudáveis, de boas práticas, de mudanças de tendências que expressarão, de fato, uma sociedade mais saudável e sustentável? Como fazer cozinhas profissionais de todos os perfis compreenderem que são peças-chave para que impactos positivos venham a se tornar a nova realidade?

Gosto de dizer aos meus clientes que é preciso começar pelo cardápio: quais produtos foram comprados para compô-lo? Trata-se de um cardápio sustentável, que preza por uma alimentação saudável e responsável? E, numa visão mais ampla, é preciso ainda conscientizar sobre as questões de saúde pública, a fome no Brasil e no mundo, o desperdício, os impactos ambientais e sociais oriundos da produção de alimentos, a origem dos recursos naturais, o desflorestamento e tudo o que vem causando drásticas mudanças climáticas no planeta.

Sei que não é fácil implementar a sustentabilidade na prática, com visão de 360 graus, e que não existe uma fórmula mágica para isso. Ainda estamos engatinhando nesse processo, e por isso precisamos respeitar o tempo de cada um. Porém, o que podemos fazer para obter resultados bons e mais rápidos é trabalhar em conjunto, buscando amparo um no outro.

Precisamos de mais preparo e engajamento. O conhecimento é muito importante nesse momento. Não dá mais para ignorar o tema da sustentabilidade. Trata-se de uma questão de cidadania, de escolhas em conjunto, direcionadas ao bem comum. É preciso disposição para correr atrás, aprender, aceitar e se adaptar aos novos parâmetros que passarão a moldar o setor alimentício, especialmente se você está iniciando seu caminho como empreendedor com uma startup focada em foodtech, alimentação saudável ou outras tendências desse nicho e busca investimentos. Investidores estão de olho em negócios de impacto, em startups que buscam transformação social e ambiental. A tendência é, cada vez mais, buscar parceiros de negócios alinhados ao desenvolvimento sustentável.

Atualmente, há muitos desafios no setor da gastronomia e dos serviços de alimentação. Muitos restaurantes não resistiram à crise econômica causada pela pandemia, ao mesmo tempo que novas oportunidades de negócios surgiram. O maior exemplo desse fenômeno foi a explosão das entregas por aplicativo a partir do crescimento exponencial das chamadas dark kitchens, ou ghost kitchens, cozinhas-fantasma comerciais exclusivas para operações de delivery.

Esse novo padrão de operação e de consumo, que parece ter vindo para ficar, merece ser olhado com mais atenção. Segundo a Associação Brasileira de Bares e Restaurantes (2021), a principal vantagem das dark kitchens é a redução de custo operacional, já que essas cozinhas dispensam sala de jantar e, consequentemente, não há necessidade de garçons e outras despesas relativas ao salão. No entanto, com a explosão desses negócios, surgem novos problemas, como instalação de cozinhas em lugares inapropriados (sem discriminação de bairros ou locais) e problemas ambientais causados pelo excesso de lixo, pelo desperdício e pelas embalagens que infelizmente acabam em aterros sanitários. E há ainda as questões de saúde pública e segurança alimentar (uso abusivo de ingredientes à base de substâncias químicas prejudiciais à saúde, ultraprocessados, e de alimentos cultivados com agrotóxicos).

Mesmo antes da pandemia, restaurantes vinham chamando a atenção por serem considerados grandes geradores de lixo. Por isso, no município de São Paulo, a Lei nº 13.478/2002 já dispunha que todos os grandes geradores de resíduos sólidos (ou seja, estabelecimentos comerciais que geram mais de duzentos litros de lixo por dia) devem contratar uma empresa para executar os serviços de coleta, transporte, tratamento e destinação final dos resíduos gerados, mantendo via original do contrato à disposição da fiscalização.

Há muitos problemas e desafios no setor de serviços de alimentação, que vão desde o rastreamento da origem dos insumos ao processo de manipulação e preparo; do excesso de desperdício ao destino dos resíduos gerados pela cozinha. Além disso, temos a questão já mencionada da oferta excessiva de alimentos prejudiciais à saúde (alimentos frescos, porém cheios de agrotóxicos e antibióticos, comida industrializada e ultraprocessada, comumente vendida nas redes de fast food, etc.).

Precisamos despertar e começar a desconstruir conceitos e padrões estabelecidos de forma errônea algumas décadas atrás. Comida de verdade deve ser salvaguarda da vida, e não o contrário. É necessário cultivar uma nova percepção em relação à saúde. As escolhas que fazemos interferem em nosso bem-estar e qualidade de vida, e precisamos ouvir esse alerta o mais breve possível, pois já nos tornamos reféns da degradação da indústria do alimento, a mesma que vem nos deixando enfermos. Uma evidência disso está no aumento de doenças cardiovasculares, obesidade, diabetes em crianças e adultos, alergias, síndrome metabólica e câncer, entre outras enfermidades, principalmente nos países desenvolvidos.

Para reverter esse cenário, precisamos revisar nossos conceitos de negócios e buscar os propósitos por trás do trabalho com alimentação.

Neste livro, faremos uma jornada com esse intuito, a partir de 5Rs (*respeitar, repensar, reorganizar, ressignificar* e *reciclar*), que podemos também categorizar como "jornada circular do alimento". Os 5Rs também são inspirados nos Objetivos de Desenvolvimento Sustentável (ODS) da Agenda 2030, criada pela Organização das Nações Unidas (ONU), e no conceito de governança ambiental, social e corporativa (ESG, do inglês *environmental, social, and corporate governance*).

O que veremos a seguir é um livro organizado em torno desses 5Rs e de outros cinco princípios fundamentais do que chamo de

Sustentabilidade e Regeneração em Restaurantes (SRR). São estes cinco princípios simples, presentes em todas as minhas atividades no setor, que agora compartilho com vocês:

1. Todo restaurante (incluindo cozinhas profissionais, sejam elas comerciais ou industriais) é a manifestação do conjunto de ideias e pensamentos de seus criadores e seus líderes.
2. Donos e líderes de restaurantes são responsáveis pela realidade física e psicológica da organização (criação de setores, escolha das pessoas responsáveis por eles, montagem das equipes, relações internas e externas, ações e práticas diárias).
3. Atitudes opressoras nos relacionamentos internos, que impõem força sobre o mais fraco ou diminuem o outro, imprimem negatividade e limitações no ambiente, resultando em uma realidade pesada e desumana. Por outro lado, atitudes positivas podem criar, como reflexo, um estabelecimento leve e proativo. O lucro deve ser consequência do trabalho equilibrado e em equipe.
4. Todos somos responsáveis por nossas ações e reações, que se refletem no mundo.
5. Restaurantes podem se tornar canais de transformação para o futuro do alimento, da sociedade, das pessoas e do planeta.

Esses princípios refletem os pensamentos que sustentam este livro. Desejo, de coração, que as ideias aqui apresentadas sejam úteis a você da mesma forma que têm sido para mim. Comer é um ato biológico, mas também uma manifestação cultural. Lembre-se sempre que restaurantes são multiplicadores de ideias, opiniões e tendências, e que representam o prazer de comer, a socialização e a afetividade por meio da comida. Por outro lado, representam também um ecossistema vulnerável, que precisa de sua ajuda para ser regenerado e seguir o caminho do desenvolvimento sustentável.

Introdução

O setor de alimentos (seja no food service ou na indústria alimentícia) está passando por uma profunda revolução, e a sustentabilidade é o desafio mais crítico dessa era.

Segundo a Organização das Nações Unidas (ONU), 828 milhões de pessoas passavam fome no mundo em 2021, número que representava um aumento de cerca de 46 milhões em relação a 2020 e de 150 milhões desde o início da pandemia de covid-19 (Nações Unidas Brasil, 2022). Em 2023, cerca de 733 milhões de pessoas no mundo estavam em situação de fome, um número que praticamente não mudou em comparação a 2022. E a tendência é que esse número cresça ainda mais, em consequência de crises como a que tivemos com a pandemia de coronavírus, as guerras e as mudanças climáticas, além de problemas de estrutura social e econômica.

Outro dado alarmante é o de que aproximadamente 2,3 bilhões de pessoas no mundo (29,3% da população global) enfrentaram insegurança alimentar moderada ou severa em 2021 (350 milhões a mais em comparação com antes da pandemia de covid-19). E cerca de 924 milhões de pessoas (11,7% da população global) enfrentaram insegurança alimentar severa, um aumento de 207 milhões em dois anos. Só no Brasil, na ocasião do levantamento da ONU, havia 15,4 milhões de pessoas em situação de insegurança alimentar grave, e 61,3 milhões em insegurança alimentar moderada ou grave (Nações Unidas Brasil, 2022). Já em 2023, 2,33 bilhões de pessoas enfrentaram insegurança alimentar moderada ou grave, representando 28,9% da população mundial.

Ao mesmo tempo, segundo a OMS (Organização Mundial da Saúde), em todo o mundo, mais de 1 bilhão de pessoas, entre adultos, adolescentes e crianças, estão obesas. Este é um fenômeno recente, de três décadas para cá, e que em hipótese alguma deve ser encarado como natural, porque não é.

Enquanto isso, todos os dias, milhares de toneladas de alimento são desperdiçadas ou perdidas em aterros sanitários e lixões. Na realidade, há comida para todos, especialmente no Brasil, um país basicamente agricultor. Há algo de muito errado com nossos hábitos, atitudes e escolhas.

O problema é que estamos cultivando, distribuindo e consumindo nosso alimento de uma forma que está provocando enorme impacto negativo na saúde humana e no planeta. Diante desse cenário devastador, pensando na urgência das questões relacionadas ao sistema alimentar-nutricional, à soberania e à segurança alimentar, cozinhas profissionais (restaurantes, hotéis, cozinhas industriais, comerciais e de eventos) devem atuar proativamente para fazer a diferença, independentemente do tamanho de suas operações. É possível, por exemplo, não apenas reduzir como efetivamente acabar com a perda e o desperdício de alimentos se todos trabalharmos juntos. É preciso repensar todo o processo, do início da cadeia alimentar à destinação adequada dos restos alimentares que de fato não podem ser aproveitados. As soluções existem, mas elas dependem de cada um de nós: de você, de mim, de cada restaurante, de cada cozinha, de cada profissional e de cada empresa do setor alimentício.

Como reflexo da crise climática, o movimento ambiental cresce em todo o planeta. Solos deteriorados, perda da biodiversidade, queda dos sistemas de irrigação, encolhimento das florestas e pastos danificados são alguns dos problemas relacionados a essa crise em cujo centro se situa um sistema alimentar desordenado. Tal sistema, desenvolvido a partir da manipulação humana em especial nos últimos setenta anos, vem contribuindo diretamente com as mudanças climáticas, o intenso aumento das temperaturas, o desperdício de alimentos e a fome, deixando um desafio sem precedentes para as próximas gerações.

A pergunta que fica é: como podemos ajudar? Quais compromissos podemos assumir para mudar esse cenário? Como você e sua empresa pretendem contribuir? Você já procurou alternativas para o seu negócio?

Precisamos de exemplos de sucesso, de soluções e resultados positivos que mostrem um novo modelo de economia – uma economia circular, humanizada e muito mais próspera para todos. No entanto, para sair desse impasse, é preciso primeiro assumir que algo está errado (e muito errado) em relação a conceitos baseados numa educação focada no indivíduo, no "eu" e não no todo, no "nós". Esse comportamento individualista vem se refletindo na sociedade de forma negativa, desassociando as relações multidisciplinares e afetando diretamente a condição básica da qualidade de vida das pessoas, do meio ambiente e do planeta.

Além da crise sociopolítico-econômica, enfrentamos uma crise ainda maior: a da percepção, do discernimento e da ética. Perdemos a habilidade de distinguir, o senso de discernir e respeitar, e a decomposição desses valores nos colocou dentro de uma realidade caótica. Infelizmente, isso ainda é invisível aos olhos dos que não entenderam a dimensão dos efeitos colaterais causados à sociedade. Pois nem todos despertaram para a necessidade de lidar com questões tão importantes como a regeneração do solo e da biodiversidade e o resgate de práticas agroecológicas, para que possamos cultivar e consumir um alimento de qualidade.

O alimento é tão vital quanto a água que bebemos e o ar que respiramos. Sem uma visão holística e multidisciplinar, não conseguiremos unir todos os pontos desse quebra-cabeça, pois não é possível falar em sustentabilidade sem mencionar as condições adequadas para o cultivo, a produção, a distribuição e o consumo do alimento. Hoje, sabemos que grande parte das mudanças climáticas está relacionada à agricultura industrial, com práticas como a monocultura, que abusa do solo e leva à perda da biodiversidade, à poluição dos lençóis freáticos e a tantos outros riscos.

Não podemos esquecer que é por meio da comida que contamos a nossa história. O alimento é o que nos conecta ao mundo, à sociedade, à nossa ancestralidade. Quando o reduzimos a uma commodity, sua essência é debilitada, o direito à soberania alimentar é roubado, e os povos que tradicionalmente cultivavam determinado alimento acabam pagando um preço altíssimo por sua sobrevivência.

Por isso, nesse momento, virar o jogo o quanto antes depende do esforço individual e coletivo: indivíduos comuns, empresas e empresários, estabelecimentos de comida, restaurantes. Afinal, que futuro desejamos para nós e para as próximas gerações? Precisamos ter coragem para mudar, arregaçar as mangas e fazer acontecer.

Restaurantes são fundamentais na construção de uma nova realidade. Estabelecimentos de comida, ao se conscientizarem de sua importância social, comunitária, cultural e ambiental, poderão se tornar os protagonistas do futuro que desejamos e ajudar na regeneração de micro e macroecossistemas.

Chefs, empreendedores, gerentes e donos de restaurantes são influenciadores de tendências no mundo da gastronomia. Conscientes ou não, por meio de suas escolhas e ações, eles são responsáveis pelo agora e pelo futuro do sistema alimentar e do meio ambiente. A partir do momento em que um restaurante abre suas portas para o público, independentemente do tamanho da operação ou do estilo culinário, ele passa a ser responsável. Porque, por trás de cada prato, precisamos considerar a origem dos insumos, o caminho percorrido até o restaurante, as pessoas envolvidas. Assim, as escolhas feitas por cada estabelecimento vão muito além da entrega do sabor perfeito e do design impecável. Por isso, ser um empreendedor do setor alimentício requer um conhecimento que vai além da administração e do gerenciamento, requer consciência, bom senso e cidadania.

De forma didática e simples, mas não reducionista, este livro pretende servir de ferramenta inicial a um processo que possa transformar você, seu restaurante, seus colaboradores e sua comunidade. Se todos aderirem a essa sinergia, chegaremos lá!

PARTE I

Os 5Rs dos restaurantes sustentáveis

Imagine-se daqui cinco anos. Você se vê muito feliz porque conseguiu implementar práticas mais saudáveis e sustentáveis em seu restaurante, e agora vislumbra um novo paradigma de vida. Você está colhendo bons frutos, inclusive benefícios financeiros, é bem-sucedido e agregou propósito e valor ao seu negócio. Inspirado, com parcerias que fazem sentido e se alinham à sua empresa, você se tornou não só um empresário admirado, mas um exemplo. Os feedbacks dos clientes e do mercado são sensacionais, reconhecendo o seu trabalho e o trabalho espetacular da sua equipe. Você passou por um momento de transição e enfim chegou à transformação de uma maneira que jamais havia pensado que seria possível. Agora, você faz parte do grupo de empresas que estão mudando o mundo e contribuindo para a regeneração do planeta. Muitos se espelham em você e em seu restaurante, com admiração e respeito por seus valores.

Como você se sentiria? Não seria maravilhoso? Pois é, é para lá que vamos caminhar, juntos. É para lá que desejo lhe levar: a jornada sustentável dos 5Rs.

Capítulo 1

Respeitar: a regeneração consciente do sistema alimentar

O primeiro dos 5Rs é *respeitar*: uma virtude que deve estar naturalmente inserida numa empresa humanizada. Como um dos valores que fundamentam a vida em sociedade, o respeito pode se dar em diferentes níveis de relações de poder e hierarquia. Na interação social, o respeito mútuo é um princípio básico.

A palavra "respeito" tem origem no latim *respectus*, que significa "olhar para trás" ou "olhar outra vez". Ou seja, a palavra remete a algo que merece um segundo olhar, que é digno de respeito.

"Respeito", portanto, refere-se a um sentimento positivo e significa a ação ou o efeito de ter apreço, consideração, deferência.

Muitas vezes o respeito é confundido com obediência (hierárquica) ou com o medo de ser julgado. No entanto, respeitar tem mais a ver com uma postura humilde, de quem olha com igualdade, compreende, tem aceitação e compaixão.

Em alguns restaurantes, muitas vezes o respeito não é exercitado. Aliás, o desrespeito aparece de várias formas, prejudicando a performance da equipe. Nesse meio, é comum se deparar com um posicionamento egoico que provoca mais relações competitivas do que construtivas. Porém, só pelo fato de um restaurante, ou qualquer cozinha profissional, trabalhar com alimentação, as relações deveriam estar fundamentadas em valores mais elevados.

O papel da liderança é de extrema relevância nesse setor. Um verdadeiro líder é responsável por cultivar na empresa atitudes como o colaborativismo e o crescimento do time, pela convivência construtiva e respeitosa em todos os departamentos e em especial na cozinha. Relações de submissão são incompatíveis com a liderança. Líderes de verdade sabem ouvir, compartilhar e valorizar, sabem que agregar conhecimento à sua equipe significa agregar valor à empresa, porque entendem que seus colaboradores são um ativo fundamental para o negócio e representam o potencial de expansão do empreendimento. Líderes com visão conseguem escolher pessoas que sabem e gostam de trabalhar em equipe.

Dos sócios-proprietários e empreendedores até a equipe da cozinha, da administração ao pessoal do salão, bem como a equipe da limpeza, fornecedores, produtores, parceiros, clientes e comunidade, em um restaurante o respeito deve estar presente em todas as atividades e funções. Se são as intenções que fazem as engrenagens se mover, para que um negócio seja bem-sucedido, nada mais básico do que manter as engrenagens rodando com base no respeito em todas as relações, independentemente de níveis hierárquicos.

O respeito também nos remete à questão da saúde mental, tão discutida nos dias de hoje. Receber um bom salário já não é o único atrativo para quem procura trabalho. A tendência atual é prezar também pelo bem-estar emocional e psíquico do colaborador. Em um ambiente de trabalho saudável, a troca de ideias e opiniões passa a ser parte do

PARTE I   Os 5Rs dos restaurantes sustentáveis

desenvolvimento das relações internas e externas de forma construtiva e sadia.

> ### O que elas dizem
>
> A gente demora muito tempo para entender o verdadeiro sentido de respeito. Para mim, respeitar é esvaziar-se, é entrar no outro. O mundo se desloca para o coração! Tudo fica redondo. A vida empresarial é reta, dura. Quando dirigimos com o leme no coração, caminhamos juntos na mesma direção. A equipe se une e todos aprendem a escutar. E o ambiente de trabalho se torna fértil. E, assim, tudo brota.
>
> Respeitar é a chave que permite dar continuidade à vida. Assim, germinamos o outro para o mundo e para a eternidade. Dessa forma, o respeito por si mesmo passa a ser um reflexo desse viver e conviver em comum.
>
> **Neka Menna Barreto**
> Neka Gastronomia

Um restaurante pode ser considerado uma escola?

Cozinhas profissionais podem se transformar em excelentes escolas – no sentido de multiplicar ensinamentos de valor e influenciar a vida de todos que ali trabalham – se tiverem consciência dessa potencialidade. Um bom exemplo é a constante conscientização da equipe sobre práticas ambientais. Quanto mais os colaboradores aprendem sobre a importância da separação, da limpeza e do destino adequado dos resíduos, maior o aprendizado, a ponto de se tornarem multiplicadores em suas casas, entre familiares e amigos, levando esse aprendizado para toda a vida. Experiências positivas marcam e agregam valor, formando bons cidadãos a partir do restaurante.

Quando os pilares da sustentabilidade são implementados na empresa, colaboradores e consumidores passam a ser multiplicadores porque aprendem, assimilam, respeitam e carregam consigo o conhecimento. Da mesma forma, os outros players integrantes desse ecossistema acabam participando do mesmo processo, e todos ganham com isso.

Anos atrás, entre 2008 e 2011, criei e implantei um projeto multidisciplinar para um restaurante de grande porte em Florianópolis, tendo como foco a visão 360 graus em sustentabilidade: economia circular na prática, práticas ambientais inovadoras, bem-estar da equipe e, claro, alimentação de fato saudável. Com o apoio da liderança, pude implementar ações construtivas naquele ambiente de trabalho, e a experiência agregou muito em minha vida, assim como na vida de tantas pessoas que dela participaram. Respeito e bem-estar da equipe sempre foram pilares fundamentais para mim e, por isso, levar a esse restaurante o conceito de bem-estar físico e mental no trabalho foi fantástico. Juntos, incluímos alongamentos, exercícios e até mesmo dança na rotina diária dos colaboradores, pela manhã, antes da jornada de trabalho. O resultado foi que os quinze, vinte minutos iniciais da jornada acabaram mudando a energia da empresa, especialmente dentro da cozinha. Todos passaram a trabalhar mais felizes e, com isso, tornaram-se mais produtivos.

Além disso, implantamos ações ambientais tão bem-sucedidas que fizeram deste restaurante uma referência na cidade. Não demorou muito para que essas ações chamassem a atenção de alguns professores do curso de hospitalidade e gastronomia do Instituto Federal de Santa Catarina, que nos pediram permissão para levar alunos para dentro do restaurante a fim de conhecerem o projeto.

Durante um bom tempo, esses professores voltaram com outras turmas. Esse foi um caso de sucesso para o restaurante e para mim, tanto que o instituto, vendo a relevância dos critérios que havíamos adotado no restaurante, incluiu a "cozinha responsável" nas grades do curso de hospitalidade e gastronomia.

A princípio, pensar em restaurantes como escolas não parece comum. No entanto, essa possibilidade se revela quando a aprendizagem ocorre naturalmente, por meio da sensibilização da equipe para outros paradigmas. Dependendo dos líderes da empresa, os resultados podem ser extraordinários. Quando um restaurante implementa princípios de sustentabilidade, abrindo-se a novas vivências e ensinamentos, o resultado é o crescimento e a união. E, por meio desse relacionamento interdependente, o ambiente de trabalho se torna um multiplicador do bem.

Relacionamentos interdependentes e parceria

A interdependência nas relações de trabalho é a base para o crescimento da empresa. Quando o respeito é sustentado, as habilidades e os talentos de cada um começam a se encaixar com coerência. Dividir as tarefas, incentivar o rodízio de atividades (para que haja maior engajamento), organizar reuniões frequentes e estimular a troca de opiniões são algumas ações que promovem o relacionamento interno interdependente.

O intercâmbio de informações, de conhecimento e de recursos cria sinergia. Baseadas na colaboração e no respeito, parcerias estabelecem vínculos saudáveis de cooperação entre as partes, a médio e a longo prazo, o que leva ao sucesso financeiro e a uma maior visibilidade de mercado para o estabelecimento. Parcerias sintonizadas no mesmo propósito são essenciais para negócios e comunidades sustentáveis, em especial para aqueles que trabalham com alimentação.

Respeito ao sistema alimentar-nutricional e a todas as redes

Imagine uma grande rede sistêmica, conectada em todos os pontos, criada pela natureza e que tem funcionado por milênios em perfeito equilíbrio. Até há quase um século, podíamos dizer que o nosso sistema alimentar funcionava dessa forma, natural e em equilíbrio. Mas esse equilíbrio foi quebrado.

Quando falamos em cozinhas profissionais, comerciais e industriais, precisamos considerar a relação desses negócios com o sistema alimentar-nutricional e ambiental. São muitos os players que fazem parte do ecossistema de um restaurante: agricultores, produtores, fornecedores, distribuidores, colaboradores internos e clientes. Considerando essa grande rede, as escolhas que fazemos para criar um cardápio determinam a relação que desejamos com o momento presente e com o futuro do nosso sistema alimentar.

É preciso respeitar as regras éticas desse sistema precioso que nos dá vida, e o primeiro passo é garantir a qualidade dos ingredientes e dos produtos alimentícios em geral. Se não fizermos a nossa parte, e rapidamente, corremos o risco de prejudicar o sistema alimentar de forma irreversível.

As escolhas de cada restaurante ao montar um cardápio definem a sua responsabilidade no processo de regeneração do nosso sistema alimentar-nutricional e, consequentemente, do sistema ambiental. A qualidade e a saúde desse ecossistema são sustentadas pelas escolhas de todas as partes envolvidas.

Considerando que, segundo a Abrasel ([2022]), no Brasil temos aproximadamente 1 milhão de restaurantes, bares e afins, podemos imaginar o tamanho do impacto que esses estabelecimentos provocam a partir de suas escolhas no dia a dia, de semana a semana, de mês a mês e de ano a ano. O resultado tem sido devastador, como sabemos.

Se desejamos ter uma cadeia alimentar saudável e sustentável para todos nós e para as gerações futuras, precisamos mudar de mentalidade agora e começar a trabalhar no sistema de cooperação. Nossas escolhas vão determinar em que time queremos jogar: no da saúde e meio ambiente equilibrado ou no time das doenças e do meio ambiente degradado. Pois reparar o sistema alimentar a partir do setor alimentício depende das escolhas de cada empresa, de cada cozinha profissional, mas também do consumidor comum, que cada vez mais procura pelo caminho saudável e sustentável. Nesse sentido, procurar conhecer a origem de sua matéria-prima, optando por produtos mais saudáveis e sustentáveis, é um passo gigantesco na direção do equilíbrio e da preservação da biodiversidade.

Considere também valorizar mais, como parte do ecossistema de uma cozinha profissional, todos os players envolvidos e corresponsáveis pela regeneração do sistema ambiental, como cooperativas, catadores e empresas de serviços ambientais. Afinal, a meta daqui para frente é reduzir a pegada de carbono de cada empresa, implementando práticas e ações socioambientais corretas. Vale dizer que ter uma boa gestão ambiental, comprometida em fazer levantamentos e produzir dados e relatórios, é essencial para implantar na empresa o conceito de governança ambiental, social e corporativa (ESG, do inglês *environmental, social, and corporate governance*).

Aliás, conhecer e aplicar a ABNT PR 2030, a primeira norma geral de ESG no Brasil, é de extrema importância, especialmente para pequenas empresas. Trata-se de um documento didático que compila normas e serve de guia ESG para os negócios (Associação Brasileira de Normas Técnicas, 2022).

Por que respeitar?

Respeito é uma virtude relevante em qualquer meio de convivência humana, em todos os níveis hierárquicos, e num ambiente colaborativo, como o de um restaurante, é algo fundamental. Em qualquer estabelecimento que trabalha com comida, é de se esperar que a convivência seja saudável, por isso é importante que os laços sejam desenvolvidos de forma colaborativa e respeitosa.

Já falamos que as escolhas importam, e que mudanças serão necessárias para estruturar uma nova cultura, mais humana e justa, em especial nesse segmento de negócios. Por isso é preciso assumir o compromisso das escolhas corretas em todas as etapas da cadeia: nas compras, no preparo, na segurança alimentar, na redução do desperdício, na separação correta dos resíduos, na entrega final ao cliente. Cada escolha refletirá de alguma forma na qualidade das relações dentro dessa cadeia: da empresa com a agricultura (solo), com o meio ambiente e as mudanças climáticas, com a saúde pública (consumidor).

Toda ação gera uma reação: um dos sete princípios da filosofia hermética e uma lei universal, e honrá-la é questão de princípio. O respeito é uma das virtudes do líder servidor que reconhece a responsabilidade de ser íntegro. Respeito suscita respeito, assim como gentileza gera gentileza. Ação, reação.

Como respeitar?

Tudo começa com uma gestão bem estruturada, com propósitos claros em mente. No momento delicado que vivemos, as decisões de agora determinarão o futuro. Com o rápido crescimento da população mundial, é evidente a necessidade de gerenciamento eficiente e sustentável dos recursos naturais, em nível local, regional e planetário.

A governança social e ambiental de cada empresa deve ter compromisso com esse novo caminho. Restaurantes e cozinhas profissionais de todos os perfis, se bem estruturados, saberão como atuar, servir e ajudar nesse processo para reduzir os impactos ambientais e recuperar o sistema alimentar.

Nas próximas décadas, a sobrevivência da humanidade dependerá do despertar de consciência de todos, e isso implica educar, delegar, colaborar, *respeitar*. Tenho a impressão de que, num futuro breve, precisaremos inclusive de gestão especializada em alfabetização ecológica, com o objetivo de capacitar as pessoas a viver em conformidade com os princípios básicos da ecologia, independentemente do modelo de negócio. A ecoalfabetização terá importância crucial para líderes empresariais, investidores, empreendedores, startups, políticos e profissionais de todas as esferas. E na gastronomia não será diferente.

• Respeitar, o primeiro R •

→ Respeitar os colaboradores, tendo o propósito como parâmetro.
→ Respeitar o papel de todos os players como seus parceiros socioambientais.
→ Respeitar o sistema alimentar-nutricional e a soberania alimentar.
→ Respeitar o ciclo natural do meio ambiente e da biodiversidade.
→ Respeitar todas as espécies de nosso ecossistema.
→ Respeitar a saúde humana e planetária.

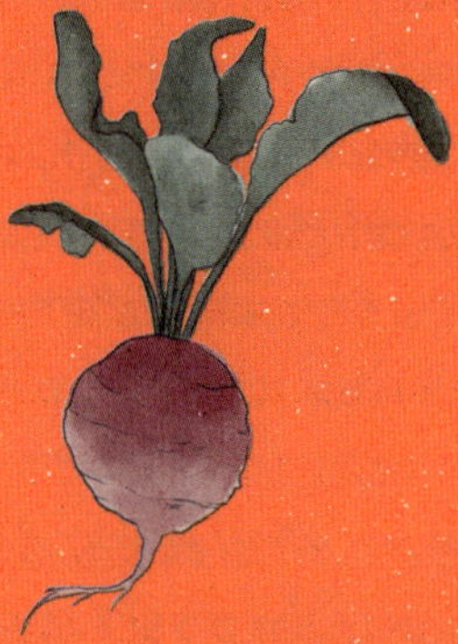

Capítulo 2

Repensar:
o modelo de negócio

Os impactos nos sistemas alimentares, decorrentes das múltiplas crises simultâneas dos últimos anos, é preocupante. De acordo com o *Global Food Policy Report 2023: Rethinking Food Crisis Responses*, do International Food Policy Research Institute (2023), a prolongada pandemia de covid-19, os intensos desastres naturais, os distúrbios civis, a instabilidade política, os impactos crescentes das mudanças climáticas, além da guerra entre Rússia e Ucrânia, do conflito entre o Estado de Israel e o grupo militante palestino Hamas, e recente guerra comercial entre EUA e China atingindo em proporções globais, estamos vivendo um significativo aumento da inflação em muitos países, que cada vez mais, exacerbam a crise global de alimentos, com aumento da insegurança alimentar e da fome, além de uma crise na produção de fertilizantes.

Nesse contexto, somos estimulados a *repensar* soluções às crises alimentares, cada vez mais frequentes e agravadas, para gerar uma oportunidade real de mudança e impulsionar esforços renovados e mais amplos de prevenção, mitigação e recuperação de crises, de modo que se crie resiliência a médio e a longo prazo.

Repensar, portanto, é o segundo passo em nossa jornada sustentável dos 5Rs. Repensar significa abrir espaço e permitir mudanças, principalmente de mentalidade; significa sair da bolha e observar com atenção (de dentro para fora e de fora para dentro) para entender melhor quais padrões podem ser considerados obsoletos, ainda comuns à maior parte do segmento, e que não nos servem mais. Pois são justamente esses padrões (não sistêmicos) que não podemos mais adotar no ecossistema de restaurantes, que lida com questões ambientais e com o bem-estar comum.

Nós, que trabalhamos no setor de alimentos, temos um compromisso a assumir, e repensar é um passo fundamental. Sabemos que em nosso país há uma mentalidade imediatista, focada em "apagar incêndios", que não leva a nada, a não ser a mais estresse e desconexão. Para mudar essa mentalidade, será preciso ampliar a visão, sair do imediatismo e pensar a médio e longo prazo. Esse é um exercício de reflexão bastante produtivo quando já existe um processo de autoconhecimento por parte dos que dirigem o negócio. Tenho visto isso acontecer cada vez mais com frequência entre os que estão despertando para essa nova realidade.

O importante é sair da zona de conforto e começar a construir uma nova história, um caminho de qualidade e prosperidade para todos. Por isso, dê uma pausa e abra espaço para a reflexão. Pense na possibilidade de criar um diferencial para o seu negócio a partir de um ponto de vista mais elevado, multidisciplinar, reescrevendo a história de seu restaurante para as próximas décadas.

PARTE I   Os 5Rs dos restaurantes sustentáveis

O que elas dizem

É preciso repensar nossas escolhas. Uma escolha não é mais "pessoal" quando fere outros seres, contamina a água, devasta florestas e polui o que é de todos. Além de boa parte dos alimentos produzidos no mundo ter como destino a pecuária, todos os dias uma enorme quantidade deles é desperdiçada, vai para o lixo.

É preciso repensar nossa forma de viver, para restaurarmos a saúde de nossa sociedade, dos animais, do nosso planeta. Como empresários e líderes do movimento gastronômico, temos a obrigação de inspirar e de conscientizar, de formar opinião através da comida que servimos. Não há nada mais transformador do que a comida, que impacta e emociona não apenas quem a experimenta, mas também todos que estão em volta.

Precisamos repensar tudo que aprendemos, porque o "sempre foi assim" não deu certo.

Alana Rox
Empresária, chef, autora

Repensar a sustentabilidade

Podemos dizer que a sustentabilidade compreende cinco pilares:

1. Social (promoção de sociedades mais justas).
2. Econômico (economia circular, economia do futuro).
3. Cultural (incentivo à educação e à criatividade).
4. Político (mais justiça social, paz e igualdade).
5. Ambiental (respeito e preservação dos recursos naturais e da biodiversidade).

É preciso compreender o significado de sustentabilidade e repensá-lo considerando desde o planejamento inicial do restaurante até a elaboração do cardápio. Tudo começa com o compromisso e o respeito dos relacionamentos internos (com a equipe) e externos (com fornecedores, distribuidores, etc.).

Vamos considerar que um restaurante é uma organização, um ecossistema único composto por organismos vivos – matéria-prima (alimento) e humanos (a equipe) –, no qual as relações entre as partes devem estar baseadas em uma postura cidadã, de respeito. Esse, aliás, é o primeiro princípio para alcançar o caminho do desenvolvimento sustentável. O segundo é cultivar uma postura de liderança e implementar governança dentro da empresa (o termo "governança" diz respeito a um sistema composto por mecanismos e princípios das instituições para auxiliar a tomada de decisões e administrar as relações com a sociedade; um sistema alinhado às boas práticas de gestão e às normas éticas, com foco em objetivos coletivos).

Quando valores e princípios são implantados, nasce naturalmente uma empresa com propósito, formada por uma equipe pronta para lidar com os grandes desafios que, afinal de contas, são comuns a esse tipo de negócio. Uma equipe agrega conhecimento e se torna muito mais eficiente quando seus membros se sentem à vontade para colaborar com suas habilidades naturais.

Pode-se compreender a sustentabilidade a partir do conceito de ecologia. Por quê? Porque a ecologia é uma ciência que estuda e reconhece a importância das relações, fundamentais na teia da vida e da natureza. As relações estudadas pela biologia permeiam todas as formas de vida, e a sustentabilidade reforça a importância de honrar essas relações entre seres humanos, natureza e planeta. Da mesma forma, aqui se aplica o conceito de circularidade, que na verdade sempre existiu, pois rege todos os sistemas na natureza: tudo se aproveita, nada é desperdiçado, tudo se transforma. Esse conceito se traduz em reduzir inputs (manipulação), reduzir o desperdício, melhorar a eficiência e trabalhar em parceria com a natureza. Nenhum sistema pode ser considerado de fato sustentável se não estiver trabalhando dessa forma, lado a lado com a natureza.

Repensar é se colocar na posição de reconsiderar algo, de honrar alguma coisa que merece reconhecimento, abrindo portas para outras possibilidades. Assim, sustentabilidade, economia circular e saúde pública fazem sentido juntas e se complementam sistemicamente.

Do modelo linear ao modelo circular

Repensar a mudança de um modelo linear para o modelo circular é importante para quem deseja agregar princípios de sustentabilidade em seu restaurante. Um modelo circular se distingue por estar em movimento constante, pela busca por desenvolvimento e crescimento. Nesse modelo circular não existe uma meta única (a não ser o bem comum) ou um ponto específico onde se deve terminar, porque ele nunca termina, apenas evolui constantemente, o que faz com que haja muitas possibilidades nesse modelo de negócio. A mentalidade do modelo circular abre portas para a economia do futuro (economia circular), pavimentando um caminho mais consciente e justo. Trabalhar com ele favorece o nosso setor, e por isso já vemos alguns líderes do segmento direcionando seus planos de negócio com base nessa mentalidade.

São muitos os desafios do setor de serviços de alimentação, sociais (a demanda por alimentação mais saudável e a segurança alimentar, por exemplo) e ambientais (cuidados e destinação dos resíduos, redução no uso de energia e água, pegada de carbono, etc.). Mas, ao mesmo tempo, esses desafios também representam belíssimas oportunidades de reinventar o setor, tornando-o mais colaborativo, construtivo, consciente e humano. Essas oportunidades já estão sendo vistas como "valor" para o mercado, e seria maravilhoso ter mais exemplos desse tipo de valor partindo dos restaurantes, já que esse ecossistema é um dos que mais necessitam de mudanças no momento em que vivemos.

Sistema alimentar e mudanças climáticas

Você já deve ter ouvido falar em "economia de baixo carbono", "negócios de baixo carbono", "mercado de carbono", "pegada de carbono". Se ainda não, é importante buscar conhecimento sobre o assunto, pois ele está muito em voga, e com razão. Essa discussão tem a ver com a quantidade de gás carbônico (CO_2) emitida na atmosfera, que está alterando a temperatura global e causando as drásticas mudanças climáticas que já estamos presenciando. Muitos de nós ainda têm dificuldade para compreender do que se trata, pois o gás carbônico não é visível aos nossos olhos. Por isso, demoramos a compreender a dimensão do problema e a urgência em reverter o efeito do CO_2 na atmosfera. Mas é de extrema importância nos conscientizarmos sobre as emissões desse gás e seus efeitos prejudiciais ao meio ambiente e ao planeta.

A pegada de carbono diz respeito ao volume total de gases de efeito estufa gerado por atividades cotidianas (de um ser humano ou de uma empresa, organização ou indústria). Imagine que sua empresa vai começar a medir o quanto de CO_2 ela emite na atmosfera, isto é, sua pegada de carbono. Nesse ponto, você já pode imaginar que conhecer tais dados é muito importante para obter um diagnóstico real e desenvolver um relatório para que providências sejam tomadas. Isso significa mensurar a responsabilidade de sua empresa em relação à emissão de CO_2 e como isso reflete nas mudanças climáticas.

Medindo a emissão de cada empresa, podemos rastrear a origem desse gás e seu volume e criar estratégias para evitá-lo ou reduzi-lo. Ao tomar consciência do quanto a sua empresa emite de CO_2 na atmosfera, você pode repensar seus processos, sua gestão, e se organizar para reduzir sua pegada de carbono ao máximo. Esse processo naturalmente vai exigir mudanças de dentro para fora da empresa, trazendo uma questão importante: a responsabilidade compartilhada. Todos teremos, de um jeito ou de outro, que assumir esse compromisso em algum momento se quisermos melhorar a qualidade de vida em nosso planeta.

Nesse sentido, cada escolha reflete na pegada de carbono de sua empresa: a seleção dos alimentos, considerando sua origem (especialmente no caso das proteínas animais, como carnes), a criação do cardápio, o estilo de gastronomia do restaurante, as medidas implementadas para gerar energia mais limpa (sistema de energia solar, por exemplo), a economia de água, a separação adequada e a destinação correta dos resíduos, etc.

Líderes têm o poder de criar iniciativas que levarão ao caminho do desenvolvimento sustentável ao adotar estratégias que solucionem desafios ambientais, sociais e econômicos. A nossa meta deve ser reduzir ao máximo os impactos negativos que estão provocando as mudanças climáticas e prejudicando a saúde do planeta. Portanto, para repensar o seu modelo de negócios com foco em sustentabilidade, é necessário estar aberto a possibilidades vindas de uma visão em 360 graus, sempre com uma postura ética e holística em relação aos aspectos sociais, ambientais, culturais e econômicos da sustentabilidade.

Sistema alimentar-nutricional e saúde pública

Para abordar o potencial que todo restaurante tem de promover bem-estar (e não o contrário) para as pessoas, para o meio ambiente e para todo o ecossistema, é preciso abordar os desafios do setor e como lidamos com eles. Um desses desafios é garantir de fato a saudabilidade, com comida de verdade, pois, além da questão climática e das ameaças ao sistema alimentar-nutricional, as empresas que trabalham com alimentação fora do lar estão diretamente relacionadas à questão da saúde pública e da qualidade de vida.

Infelizmente, um número considerável de estabelecimentos de comida promove uma alimentação mecanizada, cheia de ultraprocessados, inaceitável do ponto de vista nutricional (nesse caso, pela ausência de nutrientes essenciais) e da saúde, favorecendo o aumento de doenças não transmissíveis. Nos últimos anos, com o aumento da oferta desse tipo de comida, podemos observar também o aumento de indivíduos (crianças, adolescentes e adultos) perdendo o sentido do que é consumir comida de verdade, o que leva a distúrbios metabólicos, emocionais e psicológicos.

É comum que a necessidade de saciar a fome seja confundida com o prazer de consumir algo "saboroso". E isso é perigoso, sobretudo nos dias de hoje, pois estamos expostos a uma imensidão de sabores artificiais criados pela indústria alimentícia justamente para nos viciar, alterando nosso paladar natural. Com isso, as pessoas perdem a capacidade de diferenciar o alimento de verdade de "coisas comestíveis" (ultraprocessados, carregados de substâncias químicas que enganam o nosso cérebro).

Nem sempre a preocupação com a saudabilidade está presente na elaboração de um cardápio. A estética do prato e a variedade dos ingredientes muitas vezes são vistas como o protagonista (quando, na ordem natural das coisas, deveriam vir depois), sendo confundidas com o sentido verdadeiro do alimento saudável – e essa confusão talvez se deva à falta de conhecimento ou de consciência da origem dos ingredientes. Ainda são poucos os chefes e líderes do movimento gastronômico que são realmente conscientes de como suas escolhas impactam, negativa ou positivamente, o ecossistema.

Quando pensamos no conjunto das mais variadas tendências de cozinhas profissionais, em determinado bairro, estado, região ou país, essa discussão passa a ter ainda mais peso. Segundo a Abrasel ([2022]), o setor agrega cerca de 1 milhão de negócios, presentes em todos os 5.570 municípios brasileiros, e gera 6 milhões de empregos diretos. E o hábito de comer fora de casa é crescente no país, chegando, no último levantamento do Instituto Brasileiro de Geografia e Estatística (IBGE), a 32,8% do total das despesas das famílias brasileiras com alimentação (Loschi, 2019).

A pandemia de covid-19 foi, sem dúvida, um baque para toda a indústria, trazendo mudanças radicais para o segmento de bares e restaurantes. Muitos tiveram perdas irreparáveis, outros fecharam suas portas de vez e outros aproveitaram para se reinventar e embarcar numa jornada de transformação. Novos negócios surgiram, muitos deles atrelados a novos valores. O caminho da indústria da alimentação fora do lar foi de fato alterado, de forma negativa e positiva. Quero continuar na esperança por melhoras. Mas não foram apenas os negócios que sofreram alterações viscerais. O consumidor também assumiu outra postura, muito mais consciente e exigente nas escolhas que se referem a sua saúde. Os hábitos estão mudando, e uma nova cultura parece emergir aos poucos.

Nessas circunstâncias, com a necessidade de criar um sistema mais ético e sustentável, o *repensar*, assim como os outros quatro Rs aqui propostos, pode servir de guia para essa transição. Os restaurantes devem tomar a iniciativa e ajudar a criar novos hábitos. Quanto antes a empresa perceber essa nova realidade, maior a chance de assumir a transição como oportunidade de criar um diferencial no restaurante e no mercado.

Por que repensar?

Como um dos principais fatores atrelados às mudanças climáticas, saúde pública e qualidade de vida, o sistema alimentar precisa urgentemente de nossa ajuda. Todos nós podemos ser participantes proativos dessa jornada, pois é fundamental honrar a cadeia produtiva do alimento. Restaurantes devem começar a repensar o caminho que estão apoiando através de suas escolhas.

Faz parte desse processo conhecer bem os seus parceiros: produtores, fornecedores, distribuidores, serviços de transporte e clientes. Também é preciso considerar primordial o bem-estar da equipe e fornecer o treinamento necessário para cultivar e manter essa nova proposta de engajamento em todas as partes da organização. Com tudo isso em mente, é bom pesquisar para repensar também as expectativas de seus clientes. O que eles desejam? É importante mostrar a eles o seu novo caminho sustentável? Como interagir, informar e se comunicar com eles?

Esse processo requer um bom conhecimento do negócio (do perfil do restaurante e da cozinha, de como desenvolver a equipe e seu bem-estar, do relacionamento com o cliente, a comunidade, o meio ambiente e o planeta).

Como repensar?

O papel de cada um significa muito para essa mudança de paradigma. Portanto, atuar com propósito, ser proativo de verdade, pode gerar resultados excelentes. Para isso, é preciso ter coragem para sair da zona de conforto (rotinas, estruturas, gestão linear) e tomar iniciativas arrojadas. Mudanças inspiram movimentação, conscientização, capacitação e, sim, investimentos. Tudo depende do compromisso que cada um deseja assumir.

É com tal mentalidade que podemos mudar esse ecossistema. E, no exercício de repensar, podemos considerar o modelo circular como objetivo. O foco deve estar na inovação a partir de uma base bem estruturada.

Agregar o conceito de responsabilidade compartilhada ao negócio é um bom começo. A regeneração do sistema alimentar-nutricional é urgente, e a colaboração entre as partes se faz necessária. Por isso, destaco nos meus princípios de Sustentabilidade e Regeneração em Restaurantes (SRR) que todos somos responsáveis por nossas ações e reações, que se refletem no mundo, e que restaurantes podem se tornar canais de transformação para o futuro do alimento, das pessoas e do planeta.

Uma dica, nesse sentido, é conhecer mais a fundo o significado de desenvolvimento sustentável, economia circular e circularidade dos alimentos (*circular food*). Além disso, você pode procurar saber como adequar seu restaurante aos Objetivos de Desenvolvimento Sustentável (ODS) da Agenda 2030 da ONU (para começar, você pode consultar o capítulo 9 deste livro) e procurar por movimentos e projetos de essência socioambiental, considerando a demanda crescente de apoio a projetos dessa natureza.

Toda ação deve ser repensada pela liderança, de dentro para fora, pois o caminho da sustentabilidade exige resiliência, visão, paciência, governança social e ambiental. Quando os líderes estabelecem metas baseadas em propósitos, é mais fácil percorrer o caminho. Dessa maneira, educar passa a ser um processo natural na empresa e parte do planejamento a médio e a longo prazo. É preciso desenhar as metas e segui-las junto à equipe. Repensar é um exercício constante, um movimento de dentro para fora e dos líderes para a equipe.

• Repensar, o segundo R •

→ Repensar a responsabilidade na hora de escolher os alimentos, conhecer a origem da matéria-prima que entra em seu restaurante.
→ Repensar o propósito verdadeiro de seu negócio.
→ Repensar as responsabilidades do dono do negócio, que vão se refletir no todo.
→ Repensar os impactos ambientais que o restaurante pode estar causando ao meio ambiente e à comunidade.
→ Repensar as relações internas e externas (o ecossistema) de seu negócio.
→ Repensar parcerias que podem agregar valor ao propósito da empresa.
→ Repensar a inclusão social e como promovê-la em setores da empresa.
→ Repensar ações colaborativas.
→ Repensar o que significa sustentabilidade para o seu negócio.

→ Repensar o que significa economia circular para você e seu negócio.
→ Repensar se é possível reestruturar o seu negócio de forma a torná-lo mais colaborativo, consciente e humano.
→ Repensar aspectos que contribuem para o bem-estar de sua equipe e da comunidade.

Capítulo 3

Reorganizar: a gestão humanizada

Reorganizar a estrutura de uma empresa é fundamental para colocá-la nos trilhos da humanização, e uma gestão humanizada contribuirá em todas as etapas da transição rumo à transformação. Veja: falamos sobre respeitar, o primeiro dos 5Rs, depois sobre a importância de repensar, o segundo R, e agora abordaremos o terceiro R, reorganizar. Nesse sentido, reorganizar significa abrir espaço para cocriar uma nova gestão a várias mãos, uma gestão de alma circular, sistêmica, que permita uma filosofia de negócio pautada em propósitos. Com esse foco na organização, as possibilidades de mudanças são significativas. Assim, reorganizar o negócio pode requerer a desconstrução de padrões enraizados, antigos, não construtivos social e ecologicamente.

Nesses últimos anos, tenho visto empreendedores se reorganizarem para passar pela transição atual, adaptando-se às mudanças dos nossos tempos. Isso está acontecendo não só na gastronomia, mas em inúmeras indústrias. Como consultora e mentora, colocando em prática o programa Cozinha Saudável Responsável (CSR), atualmente Sustainable Kitchens (SK) em restaurantes e escolas, muitas vezes pude notar a dificuldade de donos e líderes de estabelecimentos em sintonizar a frequência das mudanças. A primeira reação costuma ser uma forte resistência, o que é compreensível, já que aceitar sair do antigo hábito do comportamento competitivo e hierarquicamente dependente para uma postura mais cooperativa e interdependente não é para qualquer um.

No entanto, embora de início a resistência seja comum, no desenrolar do processo o comportamento interdependente e cooperativo começa a se desenvolver e a se expandir entre os departamentos, entre as pessoas. Quando o gelo da resistência é quebrado, os colaboradores passam a ter mais sinergia naturalmente, e aqueles que se sentem distantes das mudanças acabam saindo (o que não é ruim, quando a meta passa a ser trabalhar em grupo, de modo colaborativo).

Esse processo de transição permite a transformação (individual e coletiva), e os resultados começam a aparecer de forma surpreendente. Assim, uma gestão humanizada começa a fazer parte da organização. Quando a liderança se engaja no processo, que envolve também o autoconhecimento, a jornada sustentável e regenerativa começa a fluir, pois todos os novos passos e portas que se abrem se tornam oportunidades de grande aprendizado e crescimento. O desejo de ser a diferença faz a transição acontecer de forma coerente e gera resultados gratificantes.

Muitos dos problemas do setor de serviços de alimentação fora do lar se devem à falta de uma perspectiva humanizada de gestão, baseada em sustentabilidade e em princípios de cidadania, o que acaba causando falta de conexão entre as partes e entre as atividades. Cada um faz o seu melhor, termina a jornada de trabalho e pronto. Obviamente, os resultados estarão de acordo com esse tipo de gestão.

A base da sustentabilidade em cozinhas profissionais (comerciais e industriais) é priorizar a matéria-prima (isto é, o alimento), comprovando sua qualidade e origem sustentável, orgânica, regenerativa. Ao reorganizar uma empresa, começar a pensar nisso já é um enorme passo, o início de mudanças de pensamento e atitude em relação à saúde, à preservação do meio ambiente e ao bem-estar comum.

Sem uma gestão humanizada, é difícil trabalhar o desenvolvimento sustentável de forma contínua e transparente. Quando a organização não está bem estruturada em termos de interdependência, colaborativismo, confiança e respeito, brechas de resistência e dúvidas podem aparecer e causar desconforto entre as partes (por exemplo, entre a cozinha e os gestores, entre a cozinha e o administrativo). Assim, para que haja equilíbrio e crescimento, é preciso que todos estejam na mesma página, com o mesmo propósito, atuando em sinergia.

> **O que elas dizem**
>
> Reorganizar a empresa diz respeito à liderança, e liderar é estar a serviço do desenvolvimento humano, conectando-o com o desenvolvimento corporativo para torná-los um organismo vivo e único. O líder servidor reconhece as aptidões e os talentos dos colaboradores da sua equipe e oferece ferramentas para que se desenvolvam, despertando o sentimento de pertencimento. Cada peça do quebra-cabeça corporativo é imprescindível para o crescimento saudável.
>
> O líder tem a capacidade de reorganizar, influenciar e incentivar o engajamento da equipe para que haja uma cooperação mútua e contínua. Fortalecer e motivar a união da equipe é essencial para assegurar valores sustentáveis no estabelecimento.
>
> Todos os dias aqui no restaurante, antes de abrir as portas para o público, nós nos unimos em formação de roda e praticamos alguns minutos de silêncio

> contemplativo. E é nesse momento, com uma honestidade transparente, que compartilhamos com todos as mensagens para o dia presente. O mais importante é nos conectarmos com gratidão pela vida, pelas oportunidades e pela equipe que temos. Com esta presença, abrimos as portas do nosso restaurante.
>
> *Shanti Nilaya*
> Chef, ex-proprietária do
> restaurante Condessa

O valor da empresa humanizada

Você já deve ter percebido que uso com frequência o termo "empresa humanizada". Para entender um pouco melhor esse termo, vamos voltar um pouquinho na história para citar a obra de dois autores que estudaram o desenvolvimento humano.

O primeiro é Erich Fromm (1900-1980), psicanalista, filósofo e sociólogo alemão, um dos primeiros a observar que a sociedade de sua época se encontrava na transição do "ter" para o "ser", mesmo em meio ao predomínio de uma mentalidade consumista. Para ele, a sociedade do "ter" estaria mergulhada em egocentrismo e materialismo, enquanto a sociedade do "ser" estaria centrada no outro e no autoconhecimento, numa perspectiva profundamente investida de elevados valores morais e éticos. A sociedade do "ter" se basearia no "eu tenho" (foco na quantidade), enquanto na sociedade do "ser" a atuação se daria de dentro para fora, através de parcerias, colaboração e consciência coletiva (foco na qualidade).

O segundo autor cujas ideias vale retomar é Erik Erikson (1902--1994), um psicanalista alemão-americano que ficou conhecido por sua teoria do desenvolvimento psicossocial e por ter cunhado a expressão "crise de identidade". Assim como Fromm, pode-se dizer que Erikson valorizou em suas pesquisas o "ser", e não o "ter", como disposição humana e principal elemento para as gerações mais jovens, a se firmar com êxito no desenvolvimento humano, nos talentos, nas atitudes e nas práticas focadas no potencial das pessoas. E esses valores se refletiriam não somente na vida pessoal, mas em negócios de propósito, a fim de suprir as necessidades da sociedade como um todo.

Cito esses dois autores porque suas ideias ilustram o comportamento social e cultural que precisamos desenvolver, focado no "ser" e no desenvolvimento pessoal, visando o respeito à atividade profissional de todos e àquilo que cada um representa como parte de uma nova sociedade. Assim, empresas humanizadas são aquelas que focam os propósitos e o bem-estar do indivíduo e de toda a equipe, promovendo a qualidade de vida no dia a dia de trabalho.

Empresas humanizadas se empenham em agregar valor ao trabalho sem jamais comprometer a saúde física, mental e emocional de seus colaboradores. Indivíduos que buscam trabalhar em empresas humanizadas querem muito mais do que um salário mensal. Além da remuneração, esses indivíduos anseiam pelo sentimento de pertencimento, pelo bem-estar integral e pela tranquilidade necessária para que possam dar o seu melhor enquanto se sentem reconhecidos.

O perfil de empresa humanizada é cada vez mais valorizado, e alguns dos motivos para isso são:

- Os níveis de educação e de informação aumentaram, fazendo crescer a consciência pessoal e coletiva das possibilidades de estilo de vida. A pandemia e a explosão da internet contribuíram ainda mais para esse cenário.
- As catástrofes resultantes das mudanças climáticas vêm causando grande sensibilização coletiva. Como resultado, certos valores começam a ser questionados, e cresce o desejo de adotar novos hábitos mais saudáveis. Por exemplo, no que se refere especificamente aos hábitos alimentares, os indivíduos estão mais

conscientes das relações do alimento com as questões climáticas e a crueldade animal, o que tem feito crescer a disposição de substituir, diminuir ou eliminar o consumo de carne.

Em suma, novas tendências estão surgindo, baseadas em outros valores. Estamos saindo da era do "eu" para a era do "nós", e empresas humanizadas poderão responder às novas demandas. Pois, no empreendedorismo humanizado, o objetivo é *ser* um negócio de propósito, promovendo bem-estar para todos, e não mais simplesmente *ter* um negócio próspero direcionado a si mesmo. Para além de remunerar seus colaboradores, o empreendedor com propósito está imbuído de valores, influencia positivamente outras pessoas e dá sentido à experiência do trabalho, uma vez que o empreendedorismo humanizado cultiva valores verdadeiros como seu ativo principal.

O bem-estar da equipe

O que antes era medido apenas pelo poder aquisitivo, por aquilo que o empresário podia oferecer ao colaborador como remuneração, agora está sendo medido também por outros fatores: o bem-estar e a saúde mental, física, emocional e espiritual.

Esse novo cenário exige uma mudança de mentalidade e de comportamento focada em extinguir a toxicidade de ambientes estressantes, infelizmente tão comum em cozinhas profissionais. Tal mudança reflete não apenas no bem-estar da equipe, mas também em toda a produtividade e lucratividade da empresa.

Para promover o bem-estar, considere implementar exercícios físicos diários no início de cada jornada (alongamento, ginástica laboral, pilates e ioga são algumas possibilidades). O trabalho de um restaurante é intenso e extremamente cansativo, e esses exercícios diários não só ajudam a enfrentá-lo como mudam a energia de todos.

Outra possibilidade é fechar parcerias com academias perto da empresa. É possível, por exemplo, trocar aulas para os seus colaboradores por refeições para os colaboradores da academia.

Além de exercícios físicos diários, pense em inspirar e estimular a todos com atividades interessantes. Por exemplo, o sentimento de gratidão é poderoso, e promovê-lo traz resultados bem positivos. Independentemente de religião ou de crenças, o ato de agradecer proporciona centramento para a equipe. Práticas de meditação também podem ser realizadas.

Essas pequenas atitudes são capazes de mudar a energia de toda a equipe. Ao agregar essa dinâmica ao ambiente de trabalho, as relações ganham mais significado, despertando o sentimento de pertencimento. Isso é muito valioso. E tudo começa com a liderança: saiba que um bom líder é também um bom servidor.

Corresponsabilidade

Em minha experiência, vejo que é importante nomear uma pessoa na equipe disposta a abraçar as causas do restaurante por afinidade. Essa pessoa pode trabalhar junto aos líderes, como porta-voz, fazendo a ponte entre o time de cozinha e outros departamentos, enquanto auxilia na transição do modelo linear para o modelo circular. Esse papel pode ser cumprido, por exemplo, por uma nutricionista, por um gestor de projetos ou chef de cozinha. O importante é que a pessoa esteja engajada no propósito da organização.

Outra sugestão que funciona muito bem é sair a campo com a equipe para um trabalho de sensibilização, a fim de vivenciar de perto operações que acontecem fora da realidade do estabelecimento, mas que fazem parte do ecossistema de um restaurante a caminho da sustentabilidade. Por exemplo, é possível fazer uma visita a um pátio de compostagem, a uma cooperativa de reciclados ou a uma lavoura de cultivo orgânico para conhecer todo o processo: quem são os trabalhadores daquele lugar, o que é o manejo orgânico, como funciona, quais são seus desafios e benefícios. Há também eventos sobre sustentabilidade, conferências com chefs engajados, etc. de que vale a pena participar.

São exemplos de iniciativas e eventos que vale a pena conhecer:

- **Sítio Sampa**: tendo como um de seus fundadores Guilherme Maruxo e localizado no bairro do Jaguaré, na divisa dos municípios de São Paulo e Osasco, o Sítio Sampa começou como um projeto de recuperação ambiental e fomento de hortas urbanas e foi crescendo. O terreno, que hoje é um espaço de produção orgânica certificada de cerca de 6 mil metros quadrados, foi usado como ponto de descarte de entulho por quarenta anos. O Sítio Sampa faz um trabalho incrível, firmando parcerias com pessoas e empresas. Eles também recebem composto orgânico de alguns restaurantes e o transformam em adubo de alta qualidade, que é usado no cultivo de hortaliças orgânicas.
- **Semana Lixo Zero**: organizada pelo Instituto Lixo Zero Brasil, acontece todos os anos, no mês de outubro, em mais de dez cidades, quatro estados e dois países (Brasil e Uruguai). Convidando a sociedade a refletir sobre a responsabilidade pelos resíduos provenientes do consumo, a Semana Lixo Zero é formada por diversas ações, como reuniões, campanhas, seminários, fóruns, congressos, mostras, ações (caminhadas, pedaladas, limpezas, etc.) e workshops.
- **Fru.to**: plataforma de conexão, engajamento e mobilização de ações, projetos, pessoas, organizações e empresas para solucionar os grandes desafios da produção de alimento bom, limpo e justo. O evento tem acontecido anualmente, no mês de janeiro, em São Paulo. É organizado por Felipe Ribenboim e Alex Atala.
- **Observatório de Gastronomia**: espaço de articulação direcionado ao fortalecimento da cadeia da alimentação e da gastronomia.

Trabalhando em conjunto com os que atuam no setor, o observatório busca potencializar aspectos ligados à economia, à cultura, à segurança alimentar e à sustentabilidade. Sua atuação se dá por meio de comitês temáticos que unem a expertise de diversos atores para potencializar a busca por soluções no setor da alimentação. Vinculada à Secretaria de Desenvolvimento Econômico e Trabalho da Prefeitura de São Paulo, a iniciativa conta com a participação de órgãos e instituições municipais, associações, cooperativas, ONGs, instituições de ensino, sindicatos, chefs de cozinha, bares, restaurantes, empresas do setor de alimentação e de distribuição, empreendedores de comida de rua e produtores agrícolas.

- **Cursos em agricultura urbana**: muitos grupos estão comprometidos com a capacitação da equipe de restaurantes que desejam criar sua própria horta. Em São Paulo, há iniciativas como Sítio Sampa (já citado), AgroFavela Refazenda, Santo Broto e outros.

O fenômeno da transformação

O fenômeno da transformação tem acontecido em diversos setores, não só na gastronomia. A mudança de paradigma, baseada em valores humanos, vem trazendo para as empresas um pensamento mais abrangente, sistêmico. Novos tempos, nova mentalidade.

Para ilustrar isso, conversei com empresários de diversas áreas, entre eles o publicitário Luiz Buono, fundador da Fábrica, agência que está no mercado há trinta anos. Luiz vem assumindo o papel de influenciador já faz alguns anos, contribuindo não apenas como empresário, mas como pensador que mostra o poder transformador de empresas humanizadas.

Para chegar a suas conclusões, Luiz embarcou em um processo de autoconhecimento por muitos anos (um ponto em comum entre os líderes que estão mudando a história de suas empresas, porque estão mudando a si mesmos primeiro). Ele é respeitado pela maneira livre como vive e atua, dentro e fora da Fábrica, e é considerado um mentor por muitos. Em algumas de suas apresentações e *lives* em redes sociais, ele convida outros empresários a avaliar conceitos preestabelecidos em seus negócios, assim como padrões de vida. Luiz questiona o seu próprio papel como líder e o papel de líder de outros. Ele acredita que a alma de um líder, aliada à paixão pela atividade que exerce, pode mover uma organização e criar abundância independentemente do tamanho do empreendimento.

Ancorado em seus valores, Luiz apostou em sua intuição, insights e intenção, e assim decidiu tomar a maior decisão de sua vida profissional: reinventar a sua agência. Colocou abaixo o modelo antigo de agência de grande porte, reorganizando tudo do início ao fim, criando uma nova estrutura, com nova roupagem e significado. Sobre essa revolução, Luiz comenta:

> Por que o modelo antigo só voltado ao lucro, se o mundo é sistêmico e o pensar nas pessoas deve ser seu grande motor? [...] E, nesse ponto, me encanta criar um tipo de empresa onde o que nos move não é o lucro e a produtividade insana, mas o jeito visceral de se fazer, autêntico, o desenvolvimento dos potenciais humanos no centro da jornada, e o lucro como consequência (Buono, 2019).

Convencido de estar fazendo a coisa certa num momento de crise no país, Luiz aproveitou o embalo e criou sua própria oportunidade, colocando em prática o que sentiu ser a sua verdade. Mudou a agência de local e foi para um espaço de coworking, onde reduziu despesas, adotou um novo conceito de governança na agência, reorganizou o seu time e passou a ser muito mais feliz. E o melhor: deixando todos mais felizes e mais produtivos no ambiente de trabalho.

O que podemos extrair desse exemplo? Luiz desejou mudar tudo à sua volta para realizar o sonho de criar algo mais "legal" para a Fábrica (cujo slogan passou a ser "a agência mais legal do mundo"), saindo de um modelo que lhe parecia obsoleto. Resolveu encarar a situação, confiando em suas decisões, totalmente respaldadas em suas crenças e valores e alinhadas ao pensamento sistêmico do "nós fazemos melhor juntos". Ele teve coragem de repaginar o padrão outrora estabelecido em seu setor, e o resultado foi a satisfação pessoal e o aumento da produtividade de seu time.

Transformar a si mesmo, buscar o autoconhecimento, é uma das chaves para que a mudança aconteça ao seu redor. Admiro pessoas que, ao tomar consciência de seu papel de liderança, deixam de *extrair* e passam a *contribuir* no seu meio de atuação.

Sou fã e amiga do Luiz de longa data. Venho acompanhando seu crescimento e tomei a liberdade de pedir a ele que fizesse uma pequena contribuição para este tópico compartilhando três dicas sobre ética, respeito e governança numa organização para momentos de mudança de paradigma. Suas dicas foram estas:

- Garantir que o discurso seja uma verdade praticada.
- Colocar luz no potencial de cada um dos colaboradores ao invés de querer transformar as pessoas.
- Dar voz a cada um no sentido de criar um grande "nós" na empresa.

Tenho notado alguns casos parecidos de mudança em empresas do ramo da gastronomia. Um exemplo é a Rojo Gastronomia, em São Paulo, liderada pelo chef e proprietário Vinícius Rojo. Vinícius resolveu se reinventar durante a pandemia por conta da forte crise econômica que abalou seu negócio de eventos. Sentindo a necessidade de mudança e vendo o momento como uma grande oportunidade, ele criou outra empresa, então chamada de Mama Filó, atualmente Go Mama. No processo, Vinícius me procurou para ajudá-lo na mudança, e assim iniciamos um trabalho intenso juntos. Ele sabia o que desejava, mas não sabia como organizar e aplicar as mudanças, e menos ainda por onde começar. Foi quando o programa de certificação Cozinhas Saudáveis Responsáveis (CSR) – atualmente Sustainable Kitchens (SK)

– entrou em ação, provando governança do começo ao fim. A intenção de Vinícius era que a nova empresa já nascesse com um conceito mais saudável e sustentável. Entusiasmado e determinado a fazer algo diferente, com mais propósito e sentido para os nossos tempos e tendo como base o sistema CSR (atualmente SK), ele procurou agregar à nova empresa projetos sociais e ambientais, buscou parcerias colaborativas, contratou consultoria em alimentação saudável e outros especialistas, e assim foi formando sua equipe de trabalho, tendo como premissa o conhecimento aprimorado das questões que queria trabalhar na empresa. Vale dizer que Vinícius também investe muito em autoconhecimento, o que reflete no processo de evolução de sua startup, assim como em toda a equipe.

Os impactos positivos (sociais, culturais, ambientais) gerados por um restaurante partem primeiro da postura ética de seus líderes, que são os pais do negócio. Ter um propósito forte, de dentro para fora, emana segurança e promove sinergia. Quando isso existe, as relações internas se tornam naturalmente saudáveis.

Para transformar é preciso em primeiro lugar ter coragem e determinação, mas também querer se envolver com todas as etapas. É necessário também estar aberto a novas ideias e visões, e estar disposto a investir em novos conceitos, tecnologias e profissionais especializados, fazendo fluir um ambiente de crescimento na empresa. A troca de informação e o compartilhamento de responsabilidades levam a soluções incríveis para situações desafiadoras.

Por que reorganizar?

Os ganhos trazidos pelo conjunto das ações de transformação têm valor inestimável, tanto do ponto de vista do negócio (econômico) como do ponto de vista de aprendizado e crescimento das partes envolvidas.

No processo de reorganização, os colaboradores do restaurante se tornam multiplicadores dos valores que absorvem internamente.

São eles que, ao compreender a dimensão da nova filosofia, vão encantar o cliente, fazendo-o voltar uma, duas e muitas outras vezes para ter aquela experiência gostosa, familiar. Quando acreditam de verdade no que estão vendendo, os colaboradores vestem a camisa com autoconfiança e alegria, e se sentem pertencentes. E o cliente, ao se apaixonar pelo restaurante (comida, serviço, filosofia e ambiente), torna-se o seu maior investidor e multiplicador no mundo externo. Não há marketing mais forte do que o marketing direto de promover o bem comum!

Como reorganizar?

Como temos visto, o foco da reorganização pode estar na capacitação da equipe na visão sustentável. A empresa pode, por exemplo, promover atividades de capacitação ou treinamento em boas práticas nos princípios *zero waste kitchen* e lixo zero, aproveitando integralmente os alimentos, separando e destinando corretamente os recicláveis e reduzindo ao máximo a destinação de materiais para aterros sanitários ou incineração. No começo, atingir essas metas talvez pareça difícil. Será necessário ter confiança, paciência e determinação. Mas, uma vez que o time passe a estar engajado e consciente, as tarefas ficam mais suaves.

Em primeiro lugar, é fundamental que o empresário conheça mais sobre o tema e participe das ações com a equipe para impulsioná-las. Nesse processo de mudanças de valores, a participação dos pais do negócio é fundamental, pois criar novas rotinas internas pode ser muito desafiador.

De modo mais abrangente, a reorganização consiste em aprender e vivenciar no dia a dia o pensamento sistêmico para assim concretizá-lo na estrutura do restaurante. A reorganização das partes, com base em fortes princípios e foco no todo, agrega ao conceito de sustentabilidade.

Como mentora e consultora para restaurantes, tenho trabalhado com diferentes líderes, chefes, equipes (pequenas e grandes) e perfis de cozinhas profissionais. Essa experiência me ensinou que juntos podemos fazer melhor, ao estimular o sentimento de fazer parte do time e desenvolver atitudes que gerem bem-estar, com muitos benefícios. Cada restaurante tem uma alma e uma personalidade, e o segredo do sucesso é dar chance para que cada indivíduo mostre suas capacidades e talentos alinhados à personalidade do estabelecimento. Como empresário, ao doar mais o seu tempo para seus colaboradores, você está investindo em sua empresa. Não é muito mais legal pertencer ao grupo dos que estão mudando o mundo? Você não gostaria de fazer parte desse movimento?

• Reorganizar, o terceiro R •

→ Reorganizar o modelo de negócio, exercitando o senso de propósito. Quais são seus objetivos? Qual é a sua missão como indivíduo e organização? Quem são seus fornecedores e distribuidores? Você os conhece de fato? Que tipo de relação o restaurante tem com eles? Como fortalecer essa relação? O que a empresa pode aprender a partir de uma aproximação? Como criar uma rede sustentável de fornecedores?

→ Reorganizar o trabalho em equipe, com colaboração mútua e participação de todos. É possível organizar reuniões semanais ou quinzenais com a equipe para a troca de ideias? Como abrir espaço para mais engajamento? Como conhecer melhor as habilidades e talentos de cada colaborador, e assim dar chances para que eles contribuam com o crescimento da empresa?

→ Reorganizar a liderança. É possível? Como melhorar seu papel de líder? Você tem procurado aprender sobre a origem dos alimentos e produtos do seu restaurante? Você quer pavimentar o caminho do desenvolvimento sustentável? E você, como cidadão que quer influenciar a sociedade fazendo o bem, tem investido no seu autoconhecimento?

→ Reorganizar a cozinha. Seu estoque de alimentos está adequado, saudável e sustentável para o atual contexto do restaurante? Como as frutas, legumes e verduras chegam ao restaurante? Sua equipe tem participado de capacitações em boas práticas ambientais? A empresa conhece o volume de resíduos que gera? O lixo é devidamente separado? E como ocorre o descarte? Que tipos de embalagem estão sendo usados? Quais produtos podem ser comprados a granel para evitar o excesso de embalagens? Há espaço para armazená-los?

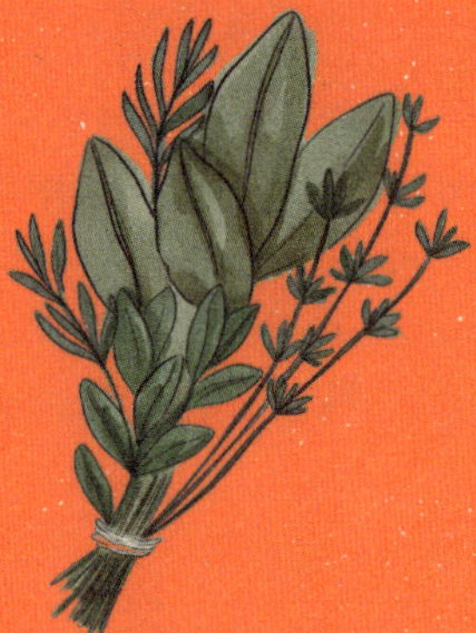

Capítulo 4

Ressignificar: a cozinha

A frase "a cozinha é o coração do restaurante" é verdadeira em muitos aspectos. Não só porque a cozinha é a responsável por criar e executar receitas maravilhosas e entregar pratos impecáveis ao cliente, mas também por tudo o que ela representa para as pessoas e o meio ambiente. Para trilhar o caminho da sustentabilidade e da humanização, é preciso conhecer os bastidores da cozinha no seu dia a dia.

No programa SK (Sustainable Kitchens), governança para cozinhas profissionais, a origem da matéria-prima (o alimento) precisa ser conhecida, assim como seu valor nutricional e todo o trajeto percorrido da lavoura à cozinha, do solo ao prato. Infelizmente, porém, esse conhecimento ainda não faz parte da gestão da maioria dos restaurantes. Para muitos, o alimento ainda é visto como mera commodity, e o sucesso é medido pelos resultados financeiros no final do mês.

Segundo o dicionário *Houaiss*, "commodity" é

1   qualquer bem em estado bruto, ger. de origem agropecuária ou de extração mineral ou vegetal, produzido em larga escala mundial e com características físicas homogêneas, seja qual for a sua origem, ger. destinado ao comércio externo.

1.1 Cada um dos produtos primários (p. ex., café, açúcar, soja, trigo, petróleo, ouro, diversos minérios etc.), cujo preço é determinado pela oferta e procura internacional.
1.2 Qualquer produto produzido em massa. (Commodity, [20--]).

Commodities, portanto, geralmente são mercadorias básicas de baixo valor agregado, comercializadas em larga escala e com preços definidos em bolsas de valores. Nesse sentido, o alimento tem sido visto como commodity, e nosso sistema alimentar tem sido manipulado por essas mercadorias.

O conceito de *ressignificar* visa mudar essa mentalidade. Para isso, é importante lembrar que o esforço de compreender o verdadeiro sentido de alimentação saudável, responsável e sustentável deve começar com a liderança da empresa. Depois, essa compreensão é comunicada para o planejamento das compras, enfatizando a importância da conexão consciente com os fornecedores, e para a criação de um cardápio sustentável, de baixo carbono, elaborado com clareza e baseado em saudabilidade. Com esses pontos bem estruturados, criações maravilhosas começam a acontecer pelas mãos dos cozinheiros.

Uma cozinha consciente – comprometida com a sustentabilidade e ciente de seu papel social – é uma cozinha feliz, que passa a desenvolver a habilidade de contar sua história ao mundo, comunicando seu processo de aprendizado e suas ações socioambientais. Os colaboradores dessa cozinha passam a agir de forma transparente, ética e criativa, porque sentem orgulho de fazer o que fazem e porque se sentem parte do todo – isso é ação e reação. Esse é um sentimento contagiante, que faz o cliente se sentir em casa e se apaixonar pelo restaurante, imediatamente passando a respeitá-lo e a admirá-lo.

No entanto, tal mentalidade ainda está longe de fazer parte da realidade do setor. Está certo que esse universo é imenso: há cerca de 1 milhão de estabelecimentos servindo comida no Brasil, e mudar tudo isso vai levar anos, talvez décadas, mas precisamos começar plantando sementes fortes. Sinto falta de mais exemplos e referências inspiradoras. Sinto falta de um movimento de cozinhas saudáveis, responsáveis e sustentáveis. Ainda estamos dando pequenos passos nessa direção, tateando os saberes de um jeito ainda superficial ("quero ser sustentável, mas não quero ter trabalho").

Nesse ponto, vale falar um pouco sobre as diferenças entre o que é *complicado* e o que é *complexo*, pois estabelecer essa distinção é crucial, sobretudo no contexto de negócios que se esforçam para incorporar inovação e sustentabilidade.

Segundo o consultor empresarial Dave Snowden, "complicado" é aquilo que envolve partes intrinsecamente ligadas e que podem ser compreendidas através de análise e expertise para solucionar problemas a partir de parâmetros que levam a resultados previsíveis. Em contraste, "complexo" seria aquilo que envolve a interconexão das partes e que se caracteriza por interações não lineares. Em situações complexas, os problemas têm muitos aspectos, frequentemente indefiníveis, e os resultados são quase sempre imprevisíveis. Nesse contexto, apenas o know-how não é suficiente. É necessário se adaptar constantemente, improvisar e experimentar (European Institute of Innovation for Sustainability, 2023).

Atualmente, as empresas do setor de serviços de alimentação se encontram numa situação complexa, caracterizada pela volatilidade, a incerteza e a ambiguidade. Passamos por um momento de transição, e será preciso resiliência para alcançar a sustentabilidade. A capacidade de adaptação e de experimentação serão decisivas para todos aqueles que estão se esforçando para inovar.

Muitas vezes, no lugar da adaptação, surgem frustrações pela dificuldade de obter resultados concretos e rápidos. Mas a realidade é que não existe uma fórmula única, aplicável a todos. O que está ao nosso alcance, nesse momento, é arregaçar as mangas, enfrentar os grandes desafios e manter a disposição para criar um sistema novo, baseando-se sempre em valores éticos e princípios sistêmicos que nos levarão a resultados muito melhores e mais duradouros.

Muitos chefs, cozinheiros e donos de restaurantes ainda resistem a ressignificar suas cozinhas. Ainda estamos no início de uma transição. Mudar posturas e hábitos pode levar tempo, mas as possibilidades para transformar a presente situação estão disponíveis para todos.

O primeiro passo para ressignificar a cozinha é trabalhar na mudança dentro de nós mesmos, no nosso interior. Assim, uma nova mentalidade começa em cada um de nós e aos poucos vamos nos abrindo para novos conhecimentos. Nesse processo, é preciso ter paciência. Afinal, um restaurante é uma escola, um ambiente de aprendizado, com amplas possibilidades. E nessa escola, a alimentação saudável, a soberania e a segurança alimentar, a preocupação com o meio ambiente e a rotina saudável da cozinha fazem parte da mesma grade curricular.

O que elas dizem

Trabalhar a utilização integral dos alimentos, aproveitando todas as suas partes, é modificar a relação com a nossa comida, enquanto devolvemos para a terra o que a terra nos dá. Dessa forma, democratizamos o alimento de verdade e criamos um ambiente de respeito entre os parceiros dentro de uma cozinha profissional, o que torna o trabalho mais leve e consciente da vida e do planeta.

Regina Tchelly
Favela Orgânica

Circular food business

A cozinha de seu restaurante pode ser ressignificada a partir do conceito de *circular food* (ou alimentação circular), que enfatiza a importância das cozinhas profissionais para a biodiversidade e a sociedade, reconhecendo seus impactos no meio ambiente e na saúde das pessoas. O modelo de circular food business se baseia na compreensão plena do significado da nossa comida, considerando como o alimento é:

- cultivado;
- transportado e distribuído;
- processado;
- preparado;
- consumido;
- descartado.

Para ser considerado um negócio circular, seu restaurante deve desenvolver a sustentabilidade e ser responsável em todos os aspectos:

- **Alimentos e bebidas**: considere origem, preparo, consumo e descarte. Procure usar somente alimentos cultivados no sistema de agricultura regenerativa/orgânica, de produtores locais e considerando a sazonalidade.
- **Energia**: adote energia mais limpa, verde, cortando o consumo em pelo menos 20% com métodos eficazes.
- **Água**: economize dentro da cozinha e em todo o estabelecimento usando métodos para controlar o fluxo de água, conscientizando toda a equipe e aproveitando água de reúso (é possível, por exemplo, recolher a água usada na higienização de ingredientes ou coletar a água da chuva para aproveitamento posterior nos banheiros e em tarefas de limpeza).
- **Embalagens**: utilize exclusivamente embalagens reutilizáveis na compra de seus produtos, evitando embalagens plásticas. Essa prática pode ser combinada previamente com os fornecedores.

Reduza o volume de plástico na entrada e na saída de produtos. Busque alternativas para o filme plástico, que é difícil de reciclar.
- **Equipamentos e utensílios**: substitua utensílios de materiais com alto impacto para o meio ambiente e a saúde e escolha produtos de limpeza que sejam de fato *eco-friendly* (isso inclui substituir esponjas sintéticas por vegetais e buscar alternativas para os panos multiúso de TNT).
- **Transporte, distribuição e entrega de alimentos**: compre alimentos de produtores locais para diminuir a pegada de carbono e evitar perdas no deslocamento. Busque diminuir também as emissões de carbono nas entregas para clientes. Pesquise pelo conceito de "frete neutro", por exemplo, e considere implantá-lo. Existem excelentes serviços que oferecem frete neutro, sustentável, tanto para receber produtos de fornecedores como para fazer entregas.
- **Governança**: considere o restaurante como uma escola, onde o pessoal é treinado continuamente, adote métricas sustentáveis e comunique aos clientes as ações implantadas e em desenvolvimento.

Em um modelo circular de negócios, não é preciso escolher entre lucratividade e sustentabilidade. Os dois se complementam.

E, para ilustrar essa ideia, seguem mais algumas dicas econômicas e sustentáveis:
- Inclua o máximo possível de opções à base de plantas (uma alimentação à base de plantas não é necessariamente uma alimentação vegana, e as opções são bem variadas). Além de reduzir custos, esta ação segue as recomendações do *Guia Alimentar para a População Brasileira,* que "propõem que alimentos in natura ou minimamente processados, em grande variedade e predominantemente de origem vegetal, sejam a base da alimentação" (Brasil, 2014, p. 12). De modo similar, também a Organização Mundial da Saúde (OMS), em suas diretrizes de alimentação saudável, sugere o consumo de pelo menos 400 gramas de frutas e vegetais por dia,

o equivalente a cerca de cinco porções (World Health Organization, 2002). Pensando em sustentabilidade, economia e lucratividade, eu sugiro um cardápio mais enxuto, de baixo carbono, que inclua de 60% a 70% de vegetais, frutas, legumes, folhosas, sementes, castanhas e cereais.

- Compre menos. Assim você contribui com a cadeia alimentar e economiza água, energia, materiais como embalagens e tudo o que envolve a produção e o armazenamento de alimentos. Comprar menos é um passo efetivo na redução de resíduos e de custos.
- Aproveite integralmente todos os alimentos. Destaque ao menos uma pessoa da equipe para ficar responsável por conferir quais produtos estão perto da data de vencimento e dê prioridade a esses produtos nos preparos. Se não for usá-los, verifique a possibilidade de doá-los.
- Quanto aos restos inevitáveis (resíduos alimentares), considere a compostagem em vez de simplesmente jogá-los no lixo. Se não forem separados, restos de comida contaminam outros resíduos de valor, como as embalagens, que podem ser encaminhadas para a reciclagem, por exemplo.
- Se possível, substitua equipamentos antigos por equipamentos mais novos, de menor consumo de energia. Doe os equipamentos substituídos ou, se for preciso descartá-los, considere a logística reversa (pode ser que o fabricante forneça descontos em um aparelho novo na troca do aparelho usado).
- Tente se adaptar às alternativas em energia renovável. Uma delas é a energia solar, uma fonte sustentável e econômica que pode ser usada tanto para gerar eletricidade quanto para aquecer água.

Silo, um exemplo de circular food business

O restaurante Silo, localizado em Londres, é o maior caso de restaurante desperdício zero do mundo. Seu chef-proprietário, Douglas McMaster, quis assumir as mudanças de forma visceral. O cardápio do restaurante oferece apenas seis pratos principais, e é mantido assim para que o chef tenha controle absoluto do que entra e do que sai e garanta o aproveitamento integral de cada ingrediente.

Douglas trabalha diretamente com produtores locais. Todos os ingredientes chegam ao restaurante direto do campo, sem embalagens plásticas. O sistema de leva e traz é feito sempre com os mesmos caixotes de hortifrúti.

As aparas dos ingredientes são usadas em caldos e conservas (geleias, picles e outros fermentados naturais) vendidos no restaurante, fazendo crescer ainda mais a receita do negócio. Não há contentores no local, porque não são necessários, e, no fim da cadeia, o pouco de resíduo orgânico que é gerado vai para compostagem.

Os móveis e as louças do restaurante são derivados de upcycling, feitos a partir de peças antigas ou reformadas que provavelmente acabariam no lixo. Muitos dos copos vieram de garrafas usadas na cozinha do Silo ou de outros restaurantes.

O Silo é um exemplo de circular food business, pois o chef Douglas McMaster conseguiu ressignificar sua cozinha e implantar uma mentalidade saudável, responsável e sustentável em seu negócio, ganhando, com isso, imenso respeito do público mundo afora.

Por que ressignificar?

Ressignificar a cozinha e fazer a transição para o modelo circular food business traz uma série de benefícios. O mais imediato deles talvez seja uma significativa economia. Por exemplo, um restaurante de operação pequena, que investe aproximadamente 40 mil reais por mês em insumos, se conseguir reduzir o desperdício em 20%, economiza 8 mil reais por mês. Similarmente, ao economizar 20% no uso de energia, que custa para o estabelecimento, vamos dizer, 6 mil reais, a economia seria de 1.200 reais. Veja que tudo conta quando a meta é ser mais sustentável e mais econômico. Imagine, então, como seriam os

PARTE I   Os 5Rs dos restaurantes sustentáveis

resultados coletivamente para o setor de restaurantes no Brasil? Além de poupar milhões de reais economizando energia, isso contribuiria também para a mitigação de CO_2 na atmosfera.

Mas o maior benefício, incalculável, é a mudança da imagem do restaurante perante a sociedade. Pois, ao ressignificar sua cozinha, um restaurante se torna um exemplo vivo de ação. Com isso, pode atrair clientes novos e fiéis e, consequentemente, aumentar a sua receita. Clientes felizes partilham suas boas experiências e reconhecem os valores e os propósitos de um restaurante que se preocupa com as pessoas, os animais e o meio ambiente.

Seguindo esse caminho, seu restaurante pode se tornar um negócio "à prova do futuro". E o que quero dizer com isso? Quero dizer que um negócio consciente reconhece a importância de se adequar à legislação socioambiental e ao grau de consciência atual dos consumidores, mas também, por ocupar uma posição de vanguarda, acaba ampliando a conscientização da comunidade e se adiantando a novas leis que porventura venham a ser aprovadas.

O fato é que é possível ressignificar a cozinha de forma inteligente, pensando no futuro próximo. Assim podemos nos tornar um setor alinhado ao desenvolvimento sustentável.

Como ressignificar?

Como estamos vendo neste capítulo, há muitas ações possíveis para ressignificar sua cozinha e fazer a transição para o modelo de circular food business. A seguir, vamos recapitular algumas dessas ações e conhecer outras, todas coerentes com uma gastronomia responsável.

Utilize ingredientes orgânicos

A produção de orgânicos resulta de um sistema de manejo ambientalmente correto, que faz uso consciente dos recursos naturais. Assim, os alimentos são produzidos sem insumos químicos, fertilizantes e pesticidas, o que evita a contaminação do solo e dos recursos hídricos e resguarda a saúde de pessoas e animais. Como consumidores e cidadãos conscientes, é nosso dever respeitar e apoiar os princípios do sistema de manejo dessas lavouras, que atuam em prol de nossa saúde e do meio ambiente ao escolher não usar venenos químicos (agrotóxicos).

Vale lembrar que muitos produtores familiares de pequeno porte não conseguem certificar sua propriedade, por conta do alto custo de uma certificação, embora sua produção seja 100% saudável e sustentável. Por isso, é importante conhecer seus parceiros rurais e cultivar uma relação transparente com eles, criando vínculos de confiança e apoiando a agricultura familiar. Precisamos aumentar os vínculos entre produtores rurais regionais e orgânicos e restaurantes. Isso é solidariedade sustentável.

Num sistema agroecológico de transição, o uso ponderado e consciente de fertilizantes e pesticidas pode fazer parte do processo gradual de transformação. O importante é que esse uso (que, do ponto de vista econômico, reduz custos) seja completamente monitorado. Nesse momento em que vivemos, apoiar as práticas agroecológicas, ainda que em fase de transição, é crucial para o ecossistema.

O mais importante é dizer não à agricultura industrial, controlada por agrotóxicos e fungicidas, e diminuir cada vez mais essa prática não sustentável enquanto apoiamos a produção agroecológica. A agricultura industrial pressupõe monocultura e transgenia, e evitá-la é um dos passos para regenerar a biodiversidade, a saúde humana e de todo o ecossistema.

Utilize produtos locais e sazonais

Comprar alimentos sazonais de produtores locais diminui a emissão de gás carbônico proveniente do transporte de longas distâncias. Além disso, quanto mais fresco o alimento, maior a possibilidade de que suas propriedades nutritivas sejam mantidas.

Sazonais são os alimentos da época, cultivados de acordo com os ciclos da natureza. Por exemplo, a safra de tomate, batata ou abacate não dura o ano todo numa lavoura regenerativa, orgânica. Esses alimentos só podem ser produzidos o tempo todo se manipulados pelo ser humano. Cada vegetal, verdura, fruta, grão, cereal e leguminosa tem seu tempo de cultivo, que está ligado às estações do ano.

Imagine dois pratos feitos com os mesmos ingredientes, preparados com a mesma técnica. Um deles, porém, é feito com ingredientes sazonais, de um produtor familiar orgânico local, e o outro com ingredientes de um entreposto convencional, não orgânico. Provavelmente, o segundo terá uma pegada de carbono maior que o primeiro, por ter viajado uma distância maior e por ser proveniente de uma lavoura convencional, não orgânica. Qual deles podemos caracterizar como mais saudável e sustentável?

O transporte de alimentos emite gás carbônico, que é um dos gases responsáveis pelo aquecimento global. Quanto maior o percurso dos insumos, desde a colheita até a cozinha do restaurante, maior a emissão de CO_2 na atmosfera. Além disso, o transporte de longas distâncias requer mais refrigeração, levando ao aumento do consumo de energia, o que não é nada sustentável, não é mesmo?

Reduza o consumo de embalagens

Você pode pedir a seus fornecedores rurais que não utilizem (ou reduzam ao máximo) embalagens plásticas para embalar insumos frescos. Uma alternativa é adotar o sistema leva e traz, em que o fornecedor abastece o restaurante com caixas de hortifrúti. O restaurante recebe essas caixas e as armazena para depois devolvê-las ao fornecedor e iniciar o ciclo novamente. Muitos de meus clientes optaram por manter algumas caixas extras no estabelecimento, para agilizar a entrega dos produtos e a saída do fornecedor. Com esse sistema de leva e traz, além de estar apoiando o produtor local, o restaurante apoia a economia circular e preserva o meio ambiente, evitando que alimentos in natura sejam embalados em plástico, isopor ou papelão.

Você também deve pensar em fazer o máximo possível de compras a granel. Comprar arroz em pacotes de um quilo não faz sentido, porque o restaurante acaba gerando um volume desnecessário de embalagens. Pense ao menos em comprar sacos de cinco, quinze ou, melhor ainda, trinta quilos. Uma cozinha que utiliza trinta quilos de arroz por semana evita gerar trinta embalagens de um quilo por semana, o que dá um total de 120 embalagens no mês ou 1.440 ao ano. Faça contas como essa para conhecer a realidade da geração de resíduos em seus restaurantes. Anote tudo em uma planilha e a analise diariamente ou pelo menos uma vez por semana.

Pense em quais outros produtos podem ser comprados a granel: feijão, farinha, macarrão, etc. Pode parecer pouco, mas, no total, as embalagens desses produtos formam um volume imenso, que acaba sobrecarregando a cadeia ambiental (veremos mais sobre isso no próximo capítulo, sobre o quinto R: reciclar).

De forma geral, vale a dica: "desembale menos, descasque mais". Você já deve conhecer essa expressão, que está de acordo com a gastronomia responsável. Pois desembalar menos e descascar mais é aumentar o uso de alimentos à base de plantas (que devem compor a maior parte das refeições), frescos e locais, e buscar eliminar os industrializados (sobretudo os ultraprocessados). Quanto mais seu restaurante consumir vegetais, frutas e verduras orgânicas, sazonais e entregues sem embalagens por produtores locais, melhor para todos: cadeia de produção e cadeia ambiental.

Promova o treinamento contínuo da equipe

O treinamento contínuo da equipe de cozinha é fundamental para garantir resultados positivos, e reuniões semanais podem ser feitas com esse fim. Tal atitude demonstra preocupação da liderança com os colaboradores e fortalece o senso de pertencimento. É essa equipe preparada que ajudará no treinamento dos recém-chegados, algo muito importante em um restaurante, considerando a alta rotatividade comum no setor.

É fundamental que os princípios e a visão 360 graus da empresa sejam passados adiante, dos colaboradores mais antigos aos mais novos. Treinar e educar a equipe de seu restaurante em práticas sustentáveis é ressignificar a cozinha e praticar a gastronomia responsável e circular.

Reduza o desperdício de alimentos

O desperdício de alimentos é um tema tão importante que dedicaremos todo um capítulo a ele na segunda parte deste livro. Não deixe de ler esse capítulo, que ajudará você a usar os alimentos de forma integral e evitar o desperdício. Esse é um passo essencial para ressignificar a cozinha de seu restaurante.

• Ressignificar, o quarto R •

→ Ressignificar a relação com os fornecedores. Como os insumos que chegam ao restaurante são cultivados? Qual o caminho percorrido por eles? O restaurante dá preferência aos alimentos da época?

→ Ressignificar o cardápio. Como torná-lo mais enxuto e de baixo carbono?

→ Ressignificar o preparo da comida. Os alimentos estão sendo armazenados da forma correta? É possível diminuir o gasto de energia na armazenagem? Como os alimentos estão sendo preparados? O restaurante está deixando de usar ingredientes e produtos prejudiciais à saúde?

→ Ressignificar o descarte. Esforços têm sido feitos para reduzir o uso de embalagens? Os alimentos estão sendo aproveitados integralmente? O restaurante conta com um sistema de compostagem?

→ Ressignificar a gestão do restaurante. Seu restaurante está caminhando em direção a um modelo circular? Lucratividade, sustentabilidade e humanização estão caminhando juntos em seu negócio? Há clareza quanto à influência do restaurante na sociedade?

→ Ressignificar a relação com os colaboradores. Seu restaurante é também uma escola, onde o aprendizado é contínuo? Os colaboradores sentem orgulho da postura de compromisso social, cultural e ambiental da empresa em que trabalham? O senso de pertencimento é promovido no restaurante?

→ Ressignificar a relação com os clientes. As ações sustentáveis estão sendo comunicadas aos clientes? Seu restaurante tem sido um catalisador das mudanças necessárias neste momento em que vivemos?

Capítulo 5

Reciclar: os três resíduos da cozinha

Reciclar é não só um dever cidadão, mas também um princípio da economia circular e sustentável. Reciclar faz parte do modelo econômico de transição. Restaurantes, que são grandes geradores de resíduos, precisam despertar e colaborar com a construção de um novo paradigma. Para se ter ideia, cerca de 50% dos resíduos encontrados em aterros e lixões estão relacionados à alimentação (Lana; Proença, 2021).

Esse número, por si só, já deveria nos obrigar a pensar em como evitar tamanho desperdício e direcionar corretamente os resíduos gerados no dia a dia de um restaurante. Todo estabelecimento do setor de serviços de alimentação tem potencial para transformar essa estatística, especialmente se unido a outros pelo mesmo propósito. Juntos, restaurantes têm o poder de promover ações socioambientais agregadoras, contribuindo para resultados mais efetivos em direção a metas de lixo zero no setor gastronômico.

Segundo o Instituto Lixo Zero Brasil (2017), uma gestão de lixo zero "não permite que ocorra a geração do lixo, que é a mistura de resíduos recicláveis, orgânicos e rejeitos". Mas, para além de uma forma de gestão, "lixo zero" é ainda

> um conceito de vida (urbano e rural), por meio do qual o indivíduo e consequentemente todas as organizações das quais ele faz parte passam a refletir e se tornam conscientes dos caminhos e finalidades de seus resíduos antes de descartá-los.

Um restaurante lixo zero, que pratica os princípios da economia circular, trabalha com a reciclagem de muitas formas. Assim, neste capítulo, vamos abordar a reciclagem por diferentes pontos de vista, olhando para todos os materiais que podem ser reciclados em um restaurante, dos três resíduos principais de uma cozinha (resíduos inorgânicos, resíduos orgânicos e rejeitos) até utensílios e objetos de decoração.

A princípio, tudo pode ser reciclado ou transformado assim que reconhecemos seu potencial como material útil para determinada finalidade ou situação. Esse pensamento não segue uma lógica linear, mas circular, na qual tudo ganha sentido por meio de escolhas e ações conscientes.

O que elas dizem

Aprendi a amar o lixo depois de descobrir que o lixo é riqueza e recurso, que ele mostra quem somos e como vivemos no nosso planeta. Aprendi que sou responsável por tudo que consumo, que eu crio o lixo e, se sou responsável por consumir, também sou responsável por descartar o que consumo da maneira correta.

PARTE I   Os 5Rs dos restaurantes sustentáveis

> Aprendi que nosso pensamento capitalista é linear: retirar da terra, produzir, consumir... E quando não quiser mais alguma coisa, jogar fora. Mas "fora" para onde? "Jogar fora" é jogar em qualquer lugar do mundo.
>
> Aprendi que a reciclagem permite a sobrevivência de muitas pessoas, que mata a fome e a sede, que provê moradia e dá dignidade. Reciclar é uma profissão que impulsiona a economia das cidades, dos estados e do mundo.
>
> A mudança de comportamento de que precisamos não se limita à reciclagem, pois cada ato conta. É preciso mudar o quanto antes, consumir menos, recusar plástico, aproveitar eletrônicos, transformar roupas, fazer a manutenção de eletroeletrônicos para não descartar o que ainda pode ser usado e pensar em produtos de economia circular, que podem retornar para a indústria e ser reaproveitados.
>
> Um lembrete: tudo o que vem antes do reciclar é mais importante. O que você tem feito para mudar?
>
> *Flávia Cunha*
> Casa Causa

Resíduos inorgânicos

Em suas atividades, um restaurante produz muitos resíduos inorgânicos: latas de metal, caixas de papelão, papéis, vidros (garrafas, potes, copos), louça quebrada e embalagens de plástico, mistas ou longa vida.

Alguns desses materiais são de difícil reciclagem. Esse é o caso, por exemplo, das embalagens mistas (chamadas assim por serem compostas de dois ou mais materiais). Essas embalagens, amplamente utilizadas na comercialização de marmitas e nos serviços de delivery, passaram a ser produzidas em excesso com a expansão das dark kitchens e estão intoxicando o meio ambiente. Por geralmente serem feitas com matéria-prima não biodegradável, como isopor e alumínio, essas embalagens dificilmente têm um destino adequado, ainda mais porque costumam ser descartadas com resíduos de comida.

E aqui tocamos em um ponto importante da reciclagem: a destinação correta dos resíduos inorgânicos começa com a limpeza antes do descarte. E eu sei que a proposta de limpar todas as embalagens pode parecer assustadora na rotina corrida de um restaurante. A princípio é mesmo, mas só até que todos comecem a compreender o propósito dessa ação e passem a integrá-la no dia a dia da cozinha, o que só é possível com um trabalho de educação e treinamento da equipe.

Reduzir ao máximo ou eliminar os resíduos de comida que ficam impregnados nas embalagens é uma forma de cooperar com os profissionais responsáveis por coletar e reciclar os resíduos inorgânicos produzidos pelo restaurante. E, falando nesses profissionais, antes de tratarmos dos resíduos orgânicos, vamos conhecer um pouco mais do importante trabalho dos catadores, que podem direcionar os resíduos a cooperativas e ecopontos.

Quem são os catadores?

Os catadores de materiais recicláveis separam e destinam os resíduos de acordo com o tipo de material e valor de mercado, garantindo sua sobrevivência por meio desse trabalho. A atividade dos catadores tem grande valor para a sociedade, pois fomenta a sustentabilidade, promove a inclusão social e faz parte da economia circular.

Como restaurantes produzem resíduos de valor para o mercado da reciclagem, os catadores muitas vezes se prontificam a coletar esse material para depois levá-lo a sucateiros, cooperativas ou ecopontos (municipais ou privados). Esse tipo de coleta informal tem papel muito importante para a reciclagem em todo o país.

PARTE I   Os 5Rs dos restaurantes sustentáveis

Os restaurantes podem contribuir enormemente com os catadores, procurando fazer parcerias para a coleta de resíduos. Essa mão de obra especializada pode, por exemplo, ser contratada duas vezes por semana, para que uma relação sólida de trabalho seja firmada entre as partes. Tal parceria é uma possível solução para o problema de nem sempre se poder contar com a coleta municipal feita no bairro. Além disso, a coleta feita por catadores é uma solução ambiental e uma iniciativa de inclusão social que fomenta a economia circular. Considerar a contratação desses profissionais em empresas de serviço de alimentação é um passo gigantesco nas soluções inclusivas.

Aproximadamente 800 mil pessoas vivem da reciclagem no Brasil, trabalhando com a coleta, a triagem e a reciclagem de resíduos gerados pelas cidades (Fundação Heinrich Böll, 2020). Para os estabelecimentos preocupados com a sustentabilidade, essas milhares de pessoas são verdadeiros heróis.

Frequentemente, porém, os catadores não contam com as devidas condições de segurança e de saúde. O descuido da população, ao não separar adequadamente os resíduos, misturando-os ao lixo comum, ainda é um grande problema.

Por isso, vale lembrar: restaurantes devem reforçar os cuidados com os resíduos, desde a separação dentro do estabelecimento até o encaminhamento adequado, sempre considerando que mãos humanas estarão do outro lado da esteira para fechar o ciclo dessa cadeia. Toda vez que uma garrafa plástica, uma embalagem de papelão ou um vidro são jogados no lixo misturados com restos de comida, seu destino provavelmente será o aterro sanitário, e não o mercado de reciclagem.

Para conhecer melhor o trabalho dos catadores, vale a pena ter em mãos um livro elaborado pelo Instituto de Pesquisa Econômica Aplicada (Ipea), fruto do Encontro Nacional Conhecimento e Tecnologia: Inclusão Socioeconômica de Catadores(as) de Materiais Recicláveis, que ocorreu em Brasília em 2014. Intitulado *Catadores de materiais recicláveis: um encontro nacional* (Pereira; Goes, 2016), o livro está disponível no site do Ipea.

Se você quer se conectar com catadores, isso pode ser feito através da Associação Nacional dos Catadores (Ancat) e do Movimento Nacional dos Catadores de Materiais Recicláveis (MNCR), ou diretamente, por aplicativos como o Cataki, desenvolvido pelo movimento Pimp My Carroça, que, por meio de ações criativas, luta para sensibilizar a sociedade e tirar os catadores da invisibilidade, promovendo sua autoestima.

Resíduos orgânicos

O Ministério do Meio Ambiente define os resíduos orgânicos do seguinte modo:

> Os resíduos orgânicos são constituídos basicamente por restos de animais ou vegetais descartados de atividades humanas. Podem ter diversas origens, como doméstica ou urbana, feiras livres e comércio de alimentos (restos de alimentos e podas), agrícola ou industrial (resíduos de agroindústria alimentícia, indústria madeireira, frigoríficos etc.), de saneamento básico (lodos de estações de tratamento de esgotos), entre outras.
>
> São materiais que, em ambientes naturais equilibrados, se decompõem espontaneamente e reciclam os nutrientes nos processos da natureza. Mas quando derivados de atividades humanas, especialmente em ambientes urbanos, podem se constituir em um sério problema ambiental, pelo grande volume gerado e pelos locais inadequados em que são armazenados ou dispostos. A disposição inadequada de resíduos orgânicos gera chorume (causando odor forte), emissão de metano na atmosfera e favorece a proliferação de vetores de doenças. Assim, faz-se necessária a adoção de métodos

adequados de gestão e tratamento destes grandes volumes de resíduos, para que a matéria orgânica presente seja estabilizada e possa cumprir seu papel natural de fertilizar os solos (Brasil, 2017).

Estima-se que o Brasil gera 800 milhões de toneladas de resíduos orgânicos por ano, o que representa aproximadamente 2,2 milhões de toneladas por dia (de acordo com o Plano Nacional de Resíduos Sólidos, 2022), que equivale a aproximadamente metade do total de resíduos sólidos urbanos do país (Brasil, 2017). Esses resíduos, quando separados adequadamente (ou seja, quando não misturados com outros tipos de resíduo), podem ser transformados em adubo ou fertilizante orgânico. Pequenas quantidades podem ser tratadas de forma doméstica (em um minhocário, por exemplo) ou comunitária (hortas urbanas), enquanto grandes quantidades podem ser tratadas em pátios de compostagem ou em escala industrial. Os processos mais comuns de reciclagem são a compostagem (degradação dos resíduos com presença de oxigênio) e a biodigestão (degradação dos resíduos sem presença de oxigênio). Ainda segundo o Ministério do Meio Ambiente, esses dois processos

> buscam criar as condições ideais para que os diversos organismos decompositores presentes na natureza possam degradar e estabilizar os resíduos orgânicos em condições controladas e seguras para a saúde humana. A adoção destes tipos de tratamento resulta na produção de fertilizantes orgânicos e condicionadores de solo, promovendo a reciclagem de nutrientes, a proteção do solo contra erosão e perda de nutrientes e diminuindo a necessidade de fertilizantes minerais (dependentes do processo de mineração, com todos os impactos ambientais e sociais inerentes a esta atividade, e cuja maior parte da matéria-prima é importada) (Brasil, 2017).

No entanto, segundo dados do próprio Ministério, apenas 4% dos resíduos sólidos urbanos são destinados à compostagem. Por isso, aproveitar melhor o potencial dos resíduos orgânicos para devolver a fertilidade aos solos brasileiros está entre os principais desafios da Política Nacional de Resíduos Sólidos, cujo objetivo geral é organizar a forma como o país lida com seu lixo, para poder exigir transparência do setor público e privado no gerenciamento de resíduos.

No dia a dia de um restaurante, há muitos resíduos que podem e devem ir para a compostagem: restos de comida, aparas de alimentos (de origem vegetal ou animal), cascas de vegetais e frutas (se não forem aproveitadas), borra de café, filtros de café de papel, saquinhos de chá, toalhas de papel usadas (alguns sistemas de compostagem não as aceitam, mas deveriam), flores mortas, folhas, colherinhas e utensílios pequenos de madeira, embalagens 100% compostáveis (feitas a partir de matéria-prima orgânica como fibra de mandioca, bambu, etc.) e outros materiais de origem orgânica. A compostagem pode ser feita em leiras (ao ar livre), em composteiras elétricas ou por biodigestão (sem a presença de oxigênio), entre outros métodos.

O resíduo orgânico é então transformado em fertilizante natural, de boa qualidade, que pode ser utilizado na horta do restaurante ou em uma horta comunitária, doado para parques, floriculturas e escolas ou negociado com produtores rurais familiares (vendidos ou trocados por alimentos). Também no caso de floriculturas, se o restaurante precisar de plantas ou flores, há a possibilidade de fazer trocas.

As possibilidades são muitas e, para explorá-las ao máximo, voltaremos a falar da compostagem na segunda parte do livro, em um capítulo todo dedicado ao tema.

Rejeito

O rejeito é produzido quando todas as possibilidades de compostagem e reciclagem foram esgotadas e não há solução para dar outra finalidade a todo o material ou a parte dele. Esse material então é encaminhado para um aterro sanitário licenciado ambientalmente ou à incineração (processos que devem ser feitos de modo que não prejudiquem o meio ambiente). São alguns exemplos de rejeito: papel higiênico usado, absorvente, fralda, fita adesiva, esponja sintética, panos multiúso de TNT, filme plástico, luvas de látex, touca descartável de cozinha, máscaras, etc.

Por não ser reciclável ou compostável, o rejeito deve ser evitado a todo custo. Para isso, é preciso planejar bem a destinação desse tipo de lixo e conscientizar toda a equipe do restaurante, pois quando resíduos são misturados em um único saco de lixo (geralmente o saco plástico preto utilizado por todos sem saber exatamente o que significa), tudo é automaticamente considerado lixo comum, isto é, rejeito.

Assim, quando resíduos são jogados num único saco, a separação se torna um pesadelo para os que trabalham em centros de triagem do município ou cooperativas. Muitas vezes, pela dificuldade de seleção e limpeza, mesmo materiais recicláveis acabam se tornando rejeito. Isso significa um enorme desperdício de tempo e de materiais que ainda poderiam ter algum valor.

Upcycling

Há muitas outras possibilidades de reciclagem, inclusive quando falamos em construções e reformas. Dar nova vida a uma peça, a um item decorativo ou a um equipamento (upcycling) também é reciclar. Sempre é possível reformar ou transformar um objeto. Basta ter criatividade e disposição.

Caso queira reformar seu restaurante, usar materiais de segunda mão, como peças de demolição, pode ser uma boa alternativa. Casar a modernidade com a antiguidade é bacana (por exemplo, alta tecnologia nos equipamentos da cozinha com móveis e peças de demolição). A ideia é sempre considerar as possibilidades de praticar o upcycling, renovando materiais em boas condições de uso, mas que precisam de uma nova cara.

Saber garimpar peças em boas condições e com menor preço traz dois benefícios: economia no investimento e fomento à economia circular. Sobretudo para os que estão iniciando no mercado, garimpar pode ser muito vantajoso. Aos poucos, vemos essa tendência crescer, já incorporada em projetos de arquitetura em geral e de restaurantes em particular (muitos, diga-se de passagem, cheios de criatividade e de muito bom gosto).

Quando o assunto é upcycling, gosto sempre de citar o exemplo da Urban Ore, uma empresa localizada na cidade de Berkeley, na Califórnia, dedicada a recuperar e dar nova roupagem a materiais recicláveis e de demolição jogados fora por construtoras. O lugar parece um grande hospital de peças, que abriga portas, janelas, batentes e todo o tipo de objetos, separados por categorias. Usando esse material, a Urban Ore mostra como repensar o design de forma consciente e circular, dando valor ao que outrora foi visto como lixo.

O pessoal da Urban Ore começou sua operação em um aterro sanitário, nos anos 1980, e desde então não pararam de crescer. Eles tiveram visão e souberam aproveitar o momento, construindo um negócio inspirador, cheio de histórias para contar e com muito propósito socioambiental. Em sua caminhada, a Urban Ore foi de uma simples cooperativa a um negócio de grande porte, muito bem-sucedido no nicho de recicláveis. Hoje é uma empresa atual e ao mesmo tempo do futuro.

Outros negócios com o mesmo perfil estão despontando no mercado, também aqui no Brasil, apontando para uma revolução cultural, social, ambiental e econômica. A meu ver, estamos atravessando um portal que nos obriga a rever padrões, hábitos e conceitos. E empresas como a Urban Ore nos sugerem algumas ideias inspiradoras, que apontam para outros caminhos, fora do padrão, e podem levar a resultados excelentes.

PARTE I   Os 5Rs dos restaurantes sustentáveis

Na sua próxima reforma, ou quando estiver expandindo seu negócio em rede, considere planejar tudo com base nos princípios da economia circular. Faça uma busca por portas, janelas, mesas, batentes e balcões de segunda mão. Use sua criatividade e encontre soluções originais.

Por que reciclar?

Estamos saindo de um modelo linear (que provou ser desastroso ao meio ambiente) e aprendendo a trabalhar com uma nova perspectiva de economia sistêmica, circular e sustentável. A reciclagem e a compostagem são parte fundamental desse movimento.

Restaurantes são grandes geradores de resíduos e corresponsáveis por uma parcela significativa dos problemas ambientais. No entanto, também podem ser protagonistas na prevenção desses problemas ao adotarem práticas mais sustentáveis, como evitar a entrada e a saída desnecessária de embalagens, optar por compras a granel e, por fim, reciclar o máximo possível dos resíduos.

Reciclando, os restaurantes também têm a oportunidade de estabelecer parcerias socioambientais e de inclusão social, conectando-se a catadores locais, que desempenham papel fundamental como agentes ambientais. E ao auxiliar na limpeza e na separação dos resíduos, podem apoiar esses heróis, permitindo que eles cumpram sua missão de forma mais eficaz.

Assim, reciclar não é apenas um ato ambiental, mas também um ato ético e de cidadania. A colaboração coletiva nesse esforço traz resultados mais expressivos. Ao contribuir para a redução e a eventual eliminação do lixo, a reciclagem ajuda a diminuir a necessidade de aterros sanitários e, portanto, a reduzir a contaminação e as ameaças à saúde pública. Por fim, com a adoção de práticas sustentáveis, os restaurantes ainda promovem um marketing positivo, destacando-se como exemplos a serem seguidos pela comunidade.

Como reciclar?

O primeiro passo para reciclar é saber identificar claramente os três tipos de resíduo gerados por um restaurante:

- **Resíduos inorgânicos (para reciclagem)**: embalagens de plástico, embalagens de vidro (garrafas, potes), embalagens longa vida, metais e latinhas (que podem ser destinadas a ecopontos ou cooperativas de reciclagem), louça quebrada, caixas de papelão (que devem ser desmontadas, comprimidas, amarradas e encaminhadas para a coleta seletiva ou entregues a catadores interessados em papelão).
- **Resíduos orgânicos (para compostagem)**: restos de comida, aparas de alimentos (de origem vegetal e animal), cascas de vegetais e frutas (se não forem aproveitadas), borra de café, filtros de café de papel, saquinhos de chá, toalhas de papel usadas, flores, folhas, colherinhas e utensílios pequenos de madeira, embalagens 100% compostáveis.
- **Rejeitos (lixo comum)**: todo material que não pôde ser encaminhado para reciclagem ou compostagem, e que então será descartado como lixo comum. Devemos sempre evitar produzir rejeitos.

Cada um desses três tipos de resíduo deve ter seu próprio recipiente, sinalizado de forma clara, com símbolos e uma lista dos itens que podem ser colocados ali. É importante também ficar atento à qualidade dos recipientes, que devem atender às normas previstas em legislação. As lixeiras mais recomendadas são as de aço inoxidável, com tampa e pedal. As lixeiras de plástico não são ideais, mas podem ser usadas, desde que tenham as características exigidas pelas normas.

Cada tipo de resíduo também deve estar associado a uma cor de saco de lixo. Os rejeitos podem ser acondicionados em sacos plásticos pretos; os resíduos recicláveis, em sacos coloridos ou transparentes; e os resíduos orgânicos, em sacos biodegradáveis ou bioplásticos, feitos com matéria-prima orgânica.

Como enfatizado ao longo deste capítulo, é preciso limpar as embalagens antes de colocá-las nas lixeiras destinadas à reciclagem (recomenda-se que essas lixeiras tenham sacos transparentes para facilitar o trabalho de triagem na cooperativa ou ecoponto). Depois, os sacos devem ser fechados corretamente e encaminhados para a coleta seletiva ou entregues a um catador contratado pela empresa. Os contentores devem ser sinalizados adequadamente, com a frase "recicláveis limpos".

Muitos se preocupam com o uso de água na limpeza das embalagens, argumentando que esse não é um sistema sustentável. Mas quando você lava a louça, os talheres e as panelas de sua casa ou restaurante, você pensa assim? Você deixa de lavá-los? Não, você apenas toma cuidado para economizar água, certo? O mesmo vale para quando lavamos embalagens. Considere essa limpeza parte da operação da cozinha.

Uma possibilidade é deixar as embalagens imersas em um recipiente com água e detergente ou água sanitária, para tirar o excesso de resíduos de alimento. Depois basta enxaguá-las rapidamente antes de colocá-las na lixeira dos recicláveis. O uso de água de reúso, neste caso, é altamente recomendado. Esse preparo para limpeza pode ser trocado uma ou duas vezes por dia, a depender do tamanho da operação.

Quanto aos sacos de lixo, também vale um detalhamento: para acondicionar os resíduos orgânicos, use preferencialmente sacos biodegradáveis de verdade (fabricados com matéria-prima orgânica), a fim de evitar os sacos oxibiodegradáveis (inadequados pois sua decomposição acarreta sérios riscos à natureza). Os sacos biodegradáveis, que são compostáveis, são mais caros que os convencionais, mas, se não for possível adotá-los no momento, há alternativas que podem se adequar a sua cozinha.

Uma dessas alternativas são as bombonas azuis, com tampa hermética, que dispensam revestimento de sacos plásticos. Essas bombonas devem ser destinadas exclusivamente à coleta de resíduos orgânicos, não podendo receber nenhum outro material que prejudique o progresso da compostagem. Em geral, quem adota esse sistema contratou o serviço de uma empresa ambiental que coleta as bombonas para despejar seu conteúdo nas leiras em um pátio de compostagem. Em algumas cidades, como Florianópolis, onde trabalhei com vários restaurantes, o uso de bombonas com tampa hermética é comum e aprovado pela legislação ambiental. Trata-se de um sistema bastante eficiente, e é uma pena que não seja comum em outros lugares.

Em suma, todos os resíduos devem ser separados adequadamente, por cidadania e respeito ao trabalho dos indivíduos que trabalham no ciclo da reciclagem. Assim, podemos resumir as boas práticas aqui apresentadas de forma bem simples:

- Tudo o que for resto de comida vai para o contentor apropriado, sinalizado para este fim.
- Tudo o que for resíduo inorgânico deve ir para outro contentor, sinalizado para este fim.
- Tudo o que for rejeito (o material que não terá um final feliz, infelizmente) deve ir para outro contentor, sinalizado para este fim.

Nunca devemos misturar os resíduos, para evitar situações como a da famosa Guerra dos Canudinhos, quando, na correria e na preguiça de separar os canudinhos na hora de recolher os pratos dos clientes, o plástico acabava indo para o lixo com restos de comida. Você se lembra? Em São Paulo, graças à Lei nº 17.110/2019, que proibiu o fornecimento de canudinhos e utensílios plásticos em estabelecimentos do estado, vencemos esse desafio e podemos respirar um pouco mais tranquilos. Mas até que a lei fosse aprovada, quantos canudinhos plásticos acabaram no estômago de animais marinhos?

Reciclar, o quinto R

→ Reciclar resíduos inorgânicos.
→ Reciclar resíduos orgânicos (compostagem).
→ Reciclar utensílios, peças, itens decorativos, equipamentos, etc. (upcycling).
→ Descartar corretamente o que não foi possível reciclar, apesar de todos os esforços (rejeito).

PARTE II

Colocando os 5Rs em prática

No caminho de transformação de um restaurante, há alguns passos essenciais: saber elaborar um cardápio consciente e criativo; chegar ao desperdício zero, aproveitando integralmente os alimentos; e destinar adequadamente os resíduos que, apesar de todos os esforços, ainda acabam sendo gerados. Pensando nisso, nesta segunda parte, aprofundo a abordagem dos capítulos anteriores e dou dicas práticas sobre estes três pontos específicos: a elaboração de um cardápio sustentável (capítulo 6), o aproveitamento integral de alimentos (capítulo 7) e a compostagem (capítulo 8). Por meio desses três atos, podemos colocar em prática os 5Rs.

Já no capítulo 9, amplio um pouco a perspectiva para retomar os temas tratados ao longo de todo o livro através dos Objetivos de Desenvolvimento Sustentável (ODS) da Organização das Nações Unidas (ONU). Estudando os 17 ODS, percebi que eles podem ser "traduzidos" para o dia a dia dos restaurantes. O que faço nesse capítulo é adaptar as metas já traçadas pela ONU ao setor de serviços de alimentação, assumindo intencionalmente o tom de manifesto (pela saúde, pelo meio ambiente, pelo bem-estar e pela paz). O objetivo é reforçar a necessidade de alinhamento de nosso setor ao desenvolvimento sustentável, à qualidade de vida e ao bem-estar ao qual todos temos direito.

Por fim, concluo o livro com dois capítulos que podem servir de apoio em sua busca por parceiros nesta jornada sustentável. No capítulo 10, listo algumas certificações que podem ser bastante significativas em um momento de transição e mudanças de paradigma. No capítulo 11, "Formando uma rede sustentável", listo organizações, movimentos, negócios e pessoas que estão fazendo a diferença. Vale a pena conhecê-los e, quem sabe, firmar parcerias inspiradoras.

Capítulo 6

Gastronomia responsável, cardápio sustentável e de baixo carbono

Os princípios da gastronomia responsável buscam o equilíbrio entre práticas culinárias e conservação da natureza (biodiversidade), sempre incentivando o conhecimento agroecológico, a produção ambientalmente responsável, o consumo consciente e a conexão com os produtores e trabalhadores do campo.

Esses princípios devem estar presentes no cardápio do restaurante, pois não há gastronomia responsável sem cardápio sustentável. E a sustentabilidade, nesse contexto, merece muita atenção, pois estamos falando de estabelecimentos que lidam com um sistema alimentar que se encontra "quebrado" e precisa de cuidados. Para regenerá-lo, serão necessárias mudanças profundas de hábito e comportamento.

No entanto, podemos começar seguindo algumas diretrizes básicas. Assim, um cardápio sustentável e de baixo carbono deve:
- privilegiar alimentos sazonais;
- privilegiar alimentos locais, preferencialmente orgânicos, comprados de produtores rurais familiares da região do restaurante;
- incluir mais alimentos de origem vegetal (pelo menos de 60% a 70% do cardápio) e minimizar a oferta de carnes, em especial a bovina, devido ao impacto ambiental negativo;
- conhecer a origem das proteínas animais que permanecem no cardápio, verificando certificados e sistemas de rastreamento;
- buscar ser saudável e responsável em todos os aspectos – sociais (trabalho justo, humano), culturais, ambientais e econômicos;
- reduzir ao máximo a oferta de produtos que levam ao consumo de embalagens plásticas (caso não seja possível eliminar o plástico completamente, verificar se as empresas fornecedoras oferecem soluções de logística reversa).

Além de seguir essas diretrizes, vale a pena evitar alguns ingredientes específicos que trazem risco à saúde humana e ao meio ambiente. A seguir, vamos saber quais são esses ingredientes e por que um restaurante responsável e sustentável não deve usá-los.

Espécies ameaçadas

Recomendo que líderes de restaurantes, junto à equipe de cozinha, pesquisem, conheçam e registrem as espécies vegetais ameaçadas de extinção (vulneráveis, em perigo ou criticamente em perigo). Dessa forma, além de evitar o uso dessas espécies, podem compartilhar esse conhecimento com o público.

Para impedir que espécies ameaçadas ou quase ameaçadas de extinção desapareçam, precisamos compartilhar conhecimentos e fomentar uma nova cultura que valorize tudo o que diz respeito à regeneração da biodiversidade. Assim, contribuiremos para o equilíbrio do ecossistema como um todo e permitiremos que as espécies voltem a viver em seus hábitats naturais. Por outro lado, consumir essas espécies contribui para sua extinção em um curto espaço de tempo, acarretando perda da biodiversidade.

O consumo de espécies ameaçadas representa um grande perigo. Um exemplo é o palmito-juçara (*Euterpe edulis*), espécie típica da Mata Atlântica cuja exploração intensa a partir da década de 1970 quase a levou à extinção. Apesar de a retirada sem aprovação de um plano de manejo ser proibida por lei, a exploração clandestina do palmito-juçara continua forte no país.

Outro exemplo é a castanha-do-pará, cuja árvore (*Bertholletia excelsa*, a castanheira-do-pará) vem sendo consumida à exaustão ou simplesmente eliminada para limpar terreno para plantações e criação de gado. E pode-se citar ainda, entre espécies ameaçadas por motivos parecidos, a araucária (*Araucaria angustifolia*), de onde é extraído o pinhão, e o araçá-amarelo (*Psidium cattleianum*), entre outras.

O uso dessas espécies só deve ocorrer quando houver comprovação de origem e conhecimento do manejo, para evitar o consumo de produtos provenientes de extrativismo ilegal. A boa notícia é que o reflorestamento com essas espécies já vem acontecendo (é o caso, por exemplo, do palmito-juçara, usado para reflorestar algumas partes da Mata Atlântica).

Quanto às proteínas animais, é preciso estar atento a todas elas, mas ter especial atenção com pescados e frutos do mar. Seguindo a mesma lógica de todos os ingredientes, deve-se dar preferência a pescados provindos da pesca sustentável, certificados, evitando peixes vindos de zonas marítimas ameaçadas. Esse é o caso, por exemplo, do salmão chileno.

Como apontou a jornalista e crítica gastronômica Ailin Aleixo, em seu podcast *Vai se Food*, num episódio todo dedicado ao salmão:

> 95% do salmão consumido no Brasil vem do Chile e é produzido em fazendas marítimas industriais, nas quais centenas de milhares de animais vivem em águas pouco oxigenadas e são alimentados com ração combinada a corantes e antibióticos. Por falar em ração: para produzir um quilo de salmão são necessários cinco quilos de peixes nativos (sim, salmões são carnívoros). A indústria de salmão destrói muito mais proteína animal do que gera. O salmão de cativeiro (que não existia no Chile até ser introduzido por lá, nos anos 1970) não tem absolutamente nada de saudável, gera imenso impacto ambiental, é o animal voltado à alimentação humana que mais consome antibióticos e contribui para a extinção de dezenas de espécies marinhas nativas (Vai se Food, 2021).

A convidada do podcast, Liesbeth van der Meer, doutora em medicina veterinária, especialista em aquicultura de salmão pela Universidade do Chile, explica que a produção excessiva desse peixe acabou gerando um buraco negro no Oceano Pacífico que será difícil regenerar. Ela chega a comparar o impacto ambiental da indústria de salmão ao desmatamento na Amazônia. Com a exploração excessiva da vida animal e vegetal do oceano, falta nutrição natural, o ecossistema não resiste e aos poucos vai morrendo, até se tornar um local estéril, improdutivo. É uma situação delicada, existente também em outras partes do mundo.

O salmão de cativeiro nada tem a ver com as espécies nativas do salmão que vivem em seu hábitat natural. A carne desses salmões (coho, chinook, chum, sockeye, pink) é completamente diferente da que chega até nós, aqui no Brasil, tanto em sabor como em textura e coloração. Sua cor não é laranja, como a do salmão cultivado em cativeiro, mas mais próxima do rosa-claro e às vezes branca.

Outro ponto importante é que o salmão é um peixe vigoroso, bastante ativo, que necessita de muito exercício físico. Em seu hábitat natural, o salmão vive aproximadamente por quatro anos, sempre em movimento. Nasce em água doce e percorre seu caminho até chegar ao mar, onde se acasala. Viaja quilômetros e quilômetros pelo mar até chegar o tempo de retornar ao rio. Depois, segue rio acima até o seu local de origem. É um trajeto difícil, que requer um tremendo esforço físico. Quando enfim volta a seu hábitat natural, o peixe desova milhares de ovos naquele lugar que lhe é familiar e em seguida morre. Esse é o ciclo de vida natural do salmão, muito diferente do ciclo de vida dos salmões criados em fazendas, onde o estresse contínuo faz com que machuquem uns aos outros e a si mesmos.

Trago esse exemplo específico para que possamos refletir mais profundamente sobre o que estamos fazendo ao escolher nossa comida. É muito importante aprender mais sobre o assunto, saber o que está ocorrendo ao nosso redor e fazer melhores escolhas.

Gordura vegetal hidrogenada

A gordura vegetal hidrogenada talvez seja o maior vilão produzido pela indústria alimentícia e uma das maiores ameaças à saúde humana dos últimos tempos. O consumo dessa substância artificial se torna um problema sério para a saúde do indivíduo ao longo do tempo. Trata-se de um produto industrializado altamente processado, rico em gordura trans, e que infelizmente é utilizado em grande escala por cozinhas e restaurantes para aumentar o prazo de validade dos produtos e melhorar seu aspecto (para dar crocância a frituras, por exemplo, já que a gordura não "queima" o alimento).

A gordura vegetal hidrogenada está presente em margarinas (todas), sorvetes industrializados, bolos, doces, bolachas. Olhando o rótulo desses produtos, notamos que ela já aparece como segundo ou terceiro item da lista de ingredientes.

Quando consumida continuamente – na margarina do café da manhã, na batatinha frita que acompanha o hambúrguer, na coxinha da lanchonete da esquina, na bolachinha do lanche da tarde, no sorvete do final de semana –, a gordura vegetal hidrogenada começa a acumular prejuízos à nossa saúde. Por ser artificial e industrializada, nosso corpo tem dificuldades para metabolizá-la. Até se equilibrar depois do bombardeio que a ingestão dessa gordura representa, o corpo leva tempo e, com o consumo contínuo, o sobrepeso e a obesidade podem se instalar. Além disso, a gordura vegetal hidrogenada está associada a diabetes, problemas cardiovasculares, arteriosclerose, doenças degenerativas e câncer, entre outras doenças.

O primeiro passo para deixar de usar a gordura vegetal hidrogenada é saber como substituí-la. Mas qual é a melhor alternativa para fritar alimentos? O essencial, nesse caso, é acertar o "ponto de fumaça", ou "ponto de queima", do produto que vai na fritadeira. O ponto de fumaça ocorre quando o óleo atinge uma temperatura em que começa a queimar e a oxidar. Em outras palavras, é o momento em que o óleo perde qualidade e se decompõe em ácidos graxos livres, perigosos para a saúde, liberando uma substância cancerígena chamada acroleína. Por isso, em restaurantes que usam fritadeiras, é preciso muito cuidado para proteger a saúde do consumidor final. O ideal é diminuir ao máximo as frituras, criando alternativas no cardápio.

Entendo, porém, que para muitos essa não é uma opção. Nesse caso, sugiro usar óleos vegetais de boa qualidade, como o óleo de girassol (o melhor deles, por não ser transgênico e ter melhor qualidade nutricional), trocando-o constantemente para que ele não oxide e envelheça na fritadeira. O óleo de soja e de milho provavelmente serão transgênicos e oriundos de monoculturas, o que não se enquadra no conceito de sustentável e saudável. Porém, considerando o momento de transição, esses óleos são melhores do que a gordura vegetal hidrogenada.

A chave aqui é usar o discernimento e ter em mente o quanto você realmente deseja que seu restaurante seja 100% sustentável. De qualquer forma, o que importa é diminuir a oferta de frituras.

Em outros preparados, como tortas, use manteiga natural ou vegetal (feita de castanhas) e, para saltear, azeite ou manteiga clarificada (ghee). Outros óleos integrais, como o de gergelim ou de outras sementes, também são boas opções.

A princípio, essa transição exigirá um maior investimento, mas deixar de usar gordura vegetal hidrogenada é um passo essencial rumo a um cardápio saudável e sustentável.

Ultraprocessados

Cheios de aditivos químicos (conservantes, aromatizantes, estabilizantes, acidulantes e antioxidantes), ultraprocessados são produtos industrializados que deveriam passar longe da sua lista de compras no restaurante. Alguns exemplos de ultraprocessados são: comidas artificiais (produtos comestíveis, mas sem valor nutricional), bolachas, bolos, sorvetes, salgadinhos de pacote, doces industrializados, salsichas e embutidos.

É preciso diminuir ao máximo o uso de ultraprocessados a fim de substituí-los por ingredientes e alimentos in natura, que não passam por processamento antes de chegar ao consumidor final (legumes, verduras, frutas, grãos, ovos, etc.). Outra alternativa é usar produtos artesanais, minimamente processados, de produção local, sazonal, sustentável, e que muitas vezes utilizam ingredientes orgânicos.

No caso dos frios, por exemplo, é difícil tirá-los do cardápio do café da manhã ou do lanche da tarde, mas é possível pelo menos buscar fontes melhores. Consumindo embutidos feitos artesanalmente, seu restaurante apoia produtores que se dedicam a uma cozinha regional e ancestral. Essa recuperação da ancestralidade culinária, de qualquer região, é muito importante para a regeneração do sistema alimentar e cultural. Por isso, ao usar esses ingredientes, vale a pena informar seus clientes, para que eles saibam a origem do que estão consumindo e possam reconhecer seus esforços para fazer parte das mudanças de que precisamos.

Produtos transgênicos

Durante a chamada Revolução Verde, ocorrida na década de 1960, os alimentos transgênicos (geneticamente modificados) apareceram como suposta solução para a fome. Desde então, o sistema de monocultura a partir de sementes transgênicas começou a tomar conta das lavouras mundo afora.

Hoje sabemos que esse sistema, além de não ter resolvido o problema da fome, ameaça a biodiversidade e a saúde, visto que produtos químicos fortíssimos são usados no plantio e na manutenção das lavouras da monocultura, comprometendo também o solo e a água. A Revolução Verde não nos trouxe propriamente soluções, mas sim problemas que afetam a sociedade por meio da perda de valores nutricionais naturais e da ancestralidade inerente à cultura alimentar dos vários povos do planeta.

Dada a relação entre os organismos geneticamente modificados e a monocultura, convém evitar o uso de transgênicos em restaurantes responsáveis e sustentáveis. Os transgênicos não são a solução para regenerar o sistema alimentar e garantir segurança alimentar para todos; a solução é apoiar a agricultura familiar por meio dos produtores rurais que continuam produzindo alimentos perfeitamente saudáveis, sustentáveis e de excelente qualidade nutricional. Saiba que esses agricultores são importantes agentes na recuperação da biodiversidade de nosso planeta.

São exemplos de transgênicos amplamente oferecidos no mercado: soja, milho, trigo, arroz e feijão, entre outros, e os subprodutos desses alimentos, que mantêm sua origem geneticamente modificada (óleos de cozinha, agentes emulsificantes como a lecitina, carne de animais alimentados com ração transgênica, etc.).

Ao comprar esses ingredientes, priorize alimentos frescos e orgânicos, produzidos de modo sustentável. Investigue a origem dos alimentos e solicite aos distribuidores laudos técnicos que comprovem a não transgenia (com a soja em grão, por exemplo, é muito importante ter esse cuidado).

Temperos prontos

Os temperos prontos, artificiais, também são ultraprocessados e devem ser evitados. Para substituí-los, sugiro fazer um preparo usando sal e ervas secas ou frescas, que pode ser usado para temperar carnes, aves e peixes. Guarde esse preparo em vidros grandes e use de acordo com a necessidade.

Para o sal, a melhor opção é o marinho integral, de preferência do nosso litoral, e não de algum lugar do outro lado do mundo. Esse ponto é importante pois, pensando na sustentabilidade e no futuro do alimento, é melhor usar o sal de nosso litoral do que o sal rosa do Himalaia, por exemplo.

Por quê? Primeiro, porque o Himalaia fica do outro lado do mundo, e para chegar até você esse sal rosa precisa viajar milhares de quilômetros, deixando uma enorme pegada de carbono. Segundo, porque esse sal nada tem a ver com a nossa cultura. Usá-lo de vez em quando tudo bem, mas não continuamente. Terceiro, porque a falsificação desse sal tem sido frequente. O verdadeiro sal do Himalaia apresenta uma coloração que fica entre rosa-claro e transparente. Se o ingrediente tiver uma cor muito escura, pode ter sido falsificado com a adição de corantes.

Adoçantes artificiais (aspartame, sacarina, sucralose, etc.)

Em 2023, a Organização Mundial da Saúde (OMS) divulgou uma nova diretriz sobre o uso de adoçantes. Nessa diretriz, a OMS aponta que não há evidências de que substituir o açúcar por adoçantes ajude a controlar o peso corporal em adultos ou crianças. E, mais do que isso, a organização afirma que o uso prolongado dessas substâncias, também conhecidas como edulcorantes, podem aumentar o risco de diabetes tipo 2, doenças cardiovasculares e mortalidade em adultos (World Health Organization, 2023).

As alternativas aos adoçantes são: açúcar mascavo, orgânico ou demerara, frutas secas ou, com moderação, mel, agave e xarope de arroz integral. No caso do açúcar, evite os sachês, que são um verdadeiro pesadelo para as cooperativas de reciclagem e acabam em aterros sanitários. Ofereça açucareiros como alternativa sustentável.

Alimentação e doenças crônicas não transmissíveis

Segundo o Ministério da Saúde, as doenças crônicas não transmissíveis (DCNT) são responsáveis por mais da metade do total de mortes no Brasil. Em 2019, 54,7% dos óbitos registrados no país foram causados por essas doenças, um total de 730 mil óbitos, dos quais 308.511 (41,8%) ocorreram prematuramente. As principais causas de DCNT são as doenças cardiovasculares, o câncer, as doenças respiratórias e o diabetes (Brasil, 2021).

As doenças crônicas não transmissíveis estão associadas a fatores de risco como tabagismo, consumo abusivo de álcool, sedentarismo e uma série de fatores relacionados à alimentação (excesso de peso, níveis elevados de colesterol e baixo consumo de macro e micronutrientes presentes em frutas e verduras). A comida, portanto, é um fator-chave nesse cenário.

Além de sua conhecida relação com o prazer e a afetividade, a comida é o combustível para a manutenção da saúde. Quando trocamos o alimento por aquilo que Michael Pollan (2008) chama de "substâncias comestíveis", estamos colocando em risco nossa saúde. Pois essas substâncias podem até ser comestíveis, mas nunca serão comida de verdade, que oferece o combustível adequado para a saúde de nosso corpo e de nossa mente.

Outro ponto que merece atenção é a confusão entre a estética de um prato e o verdadeiro sentido de gastronomia saudável e responsável. Um prato pode apresentar uma composição impecável, grande variedade de ingredientes e técnicas de preparo, finalização maravilhosa, porém o mais importante é conhecer a origem de todos os seus ingredientes, aprová-los de forma consciente, para depois trabalhá-los com intenção. Aí, sim, podemos celebrar o produto final.

Só pode compreender o sentido real da gastronomia saudável e sustentável quem conhece a origem de todos os ingredientes que entram em sua cozinha. O conceito de saúde não se limita a questões de segurança alimentar, contaminação cruzada, etc. A saúde vai muito além disso e deve ser vista de forma sistêmica, reconhecendo a relação entre nosso corpo e a natureza. Nesse contexto, os adjetivos "saudável" e "sustentável" abrangem do solo ao prato e representam o respeito que temos pelo corpo e pelo planeta que habitamos.

O alimento sempre será o protagonista de um restaurante, mas, mais do que isso, o alimento é também o protagonista das decisões que vão determinar se conseguiremos ou não recuperar o equilíbrio do ecossistema e a biodiversidade. Nesse sentido, restaurantes são fundamentais, pois suas escolhas são um dos fatores decisivos para a regeneração do sistema alimentar.

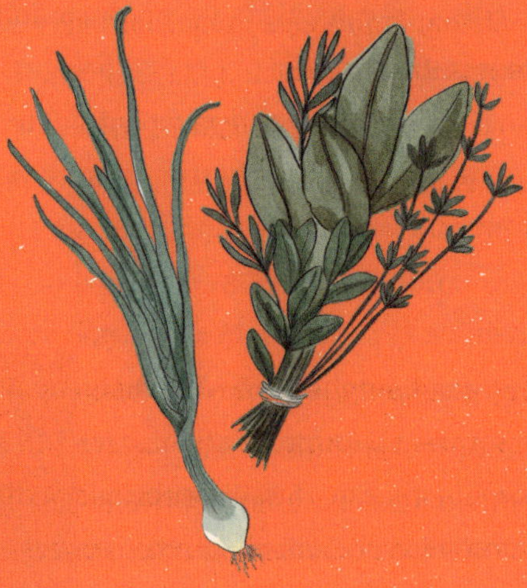

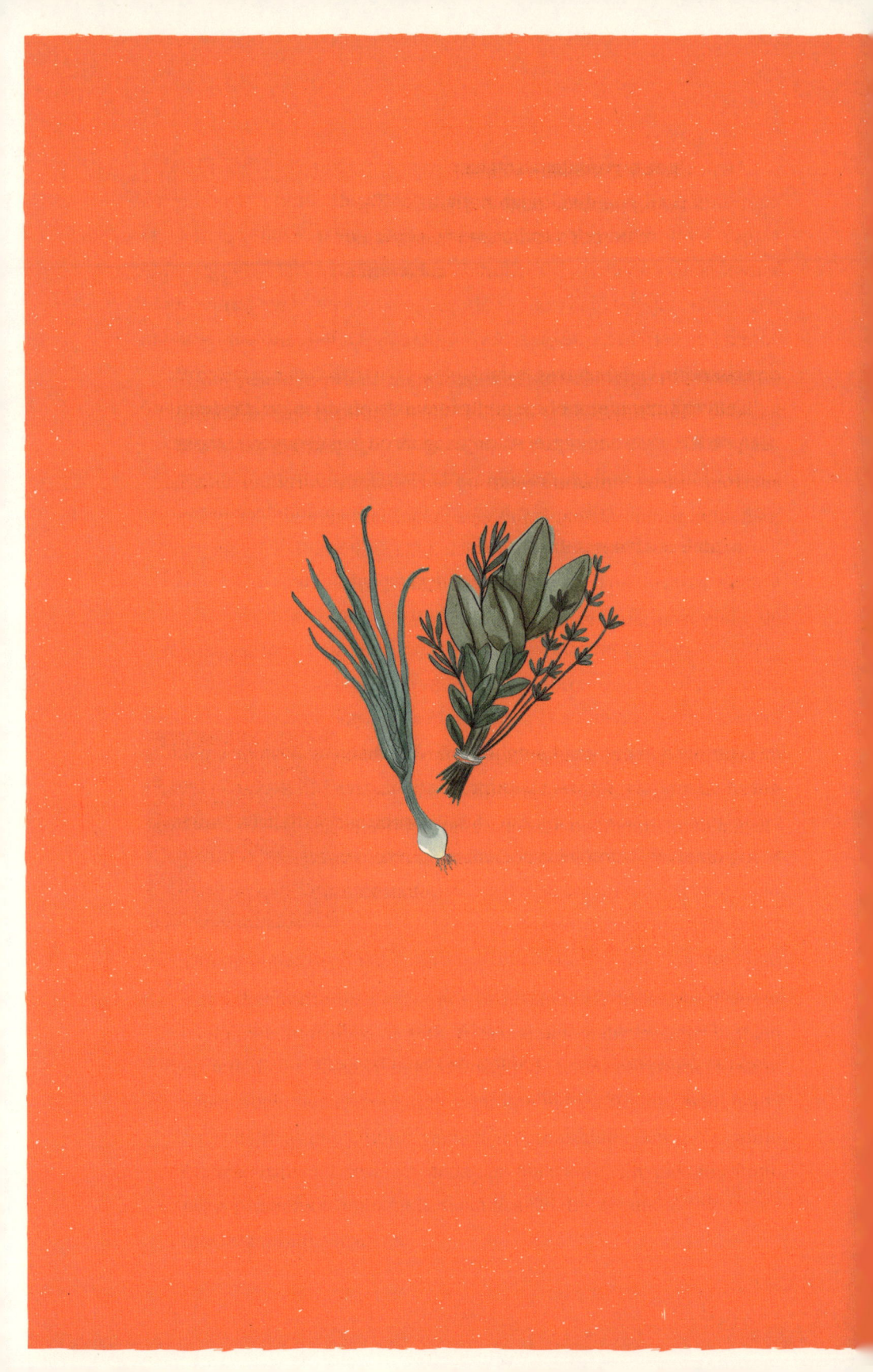

Capítulo 7

Aproveitamento integral dos alimentos

No capítulo anterior, vimos como elaborar um cardápio sustentável. Agora, vamos ver como aproveitar integralmente os alimentos e evitar desperdício.

Em primeiro lugar, devemos tomar cuidado com a forma como nos expressamos. Estamos falando em *aproveitar* os alimentos, e não em *reaproveitar*, pois a ideia de reaproveitar comida pode ter uma conotação negativa. Ao usar o termo "reutilização" em um restaurante, desvalorizamos a qualidade do alimento. O termo correto é "aproveitamento integral" (ou "total").

O objetivo do aproveitamento integral é chegar ao desperdício zero. Adotar essa prática, que é 100% viável, saudável e responsável, atende às expectativas tanto da empresa como do cliente bem-informado, que certamente vai se sentir satisfeito em ver tal iniciativa no restaurante que frequenta. Além disso, quando incorporado na rotina do restaurante, o aproveitamento integral de alimentos desperta sentimentos de colaboração e orgulho em toda a equipe.

Uma vez que a mentalidade do desperdício zero é incorporada, a equipe não só passa a reconhecer o valor nutricional intrínseco aos alimentos como compreende melhor o propósito da empresa. O processo envolve aprender a separar, porcionar, armazenar, refrigerar ou congelar todas as partes dos alimentos que possam ser aproveitadas, e para isso o treinamento da equipe é de extrema importância.

Há alguns anos, um dos meus clientes resolveu abraçar a causa do desperdício zero em seus restaurantes, buscando utilizar integralmente todos os alimentos, o que incluía porcionar os ingredientes e registrar tudo em planilhas para realizar um balanço mensal de custos versus economia. Além disso, criamos um sistema perfeito de organização das geladeiras, colocado em prática por equipes eficientes, empenhadas em mostrar resultados. Essas equipes mandavam fotos das geladeiras para o dono do restaurante e pesavam os restos de alimento no final do dia para verificar se não haviam ultrapassado o limite preestabelecido. Os resultados foram muito positivos, e até hoje, quase dez anos depois, os colaboradores sentem orgulho do trabalho que fazem.

Quando não utilizamos todo o alimento, acabamos jogando fora partes comestíveis e nutritivas. O desprezo dessas partes gera desperdício e, consequentemente, leva a um uso maior de recursos naturais. Quanto mais se joga fora, mais é preciso produzir, e maior é a pressão sobre a biodiversidade. O desperdício, portanto, é uma prática inconsequente, que precisa ser eliminada do dia a dia de cozinhas profissionais que estão trilhando uma jornada sustentável e responsável.

O aproveitamento integral começa já no momento da compra dos insumos. Dar preferência a alimentos agroecológicos, de lavoura regenerativa, produzidos em seu tempo natural, de acordo com as estações do ano, é aproveitar ao máximo o valor nutricional dos alimentos, mas não só: é também aproveitar ao máximo o valor da relação entre restaurante e cliente e restaurante e meio ambiente. Respeitar a origem de um insumo, saber quem o cultivou e colheu, é um princípio básico do aproveitamento integral de alimentos.

Para assimilar melhor o princípio do aproveitamento integral de alimentos em seu restaurante, é preciso estudar o cardápio, os ingredientes e sua origem. É imprescindível que o chef adquira esse conhecimento e tenha disposição para assumir o papel de educador junto à sua equipe. Como líder servidor e responsável, o chef pode não só reduzir a quantidade de restos que acabam no lixo, mas também aumentar a produtividade da cozinha. Por exemplo: uma vez que já se teve o trabalho de descascar as batatas, é possível criar receitas que usem as cascas. E é assim que o aproveitamento integral dos alimentos revela mais um de seus benefícios: estimular a criatividade da equipe.

A sabedoria e a ancestralidade por trás do uso integral do alimento

Uma chave importante para entender o aproveitamento integral de alimentos é a agrobiodiversidade. Em nosso planeta, temos aproximadamente 250 mil espécies de plantas do grupo das angiospermas. Destas, cerca de 80 mil são comestíveis, e nossos ancestrais teriam domesticado aproximadamente 5 mil delas. No entanto, as espécies hoje amplamente cultivadas não passam de 150, e 80% das calorias que ingerimos vêm de somente seis alimentos: trigo, arroz, milho, batata, batata-doce e mandioca (Callegaro; López, 2018). Milhares de outras espécies são negligenciadas pelo ser humano, mas o cultivo dessas espécies negligenciadas seria fundamental para a regeneração da biodiversidade. Essas espécies são a chave para o futuro do planeta, para reverter os impactos ambientais que causam as mudanças climáticas, além de guardarem inúmeras propriedades nutricionais que nos foram furtadas.

Toda vez que buscamos alimentos naturais, oriundos de práticas agroecológicas, e os utilizamos integralmente, estamos contribuindo para a regeneração das variedades do universo vegetal, ao mesmo tempo que criamos infinitas possibilidades de preparos.

Por exemplo, somente na América Latina já tivemos milhares de variedades de batatas para consumo, com valor nutricional elevadíssimo. Para recuperar essa riqueza, precisamos ir atrás de produtores que estão valorizando a ancestralidade, voltando a cultivar algumas dessas espécies. E depois de encontrar tais produtores, é preciso aproveitar o alimento que oferecem de forma integral, contribuindo para a biodiversidade, mas também para a nossa saúde (afinal, na batata e em outros alimentos, os nutrientes depositados na casca são abundantes).

Caso tenha interesse em saber mais sobre a relação entre ancestralidade e aproveitamento integral de alimentos, sugiro pesquisar pelo trabalho da chef Ruth Almeida. Ruth, considerada embaixadora da gastronomia no Tocantins, divulga a cozinha indígena e quilombola, propagando uma alimentação saudável, orgânica, nativa e ancestral. Em seu restaurante, o Raízes Gastronômicas, ela propõe um cardápio simples, enxuto, com alimentos locais, sazonais, que remetem à sabedoria ancestral de sua comunidade. A chef Ruth sabe utilizar todas as partes dos alimentos, que são 100% aproveitadas em geleias, molhos, caldos e doces depois vendidos na própria comunidade, fomentando a economia local e fortalecendo em especial as mulheres.

Sugestões de aproveitamento integral

Além da batata, já mencionada, há muitos outros alimentos que podem ser aproveitados integralmente. A beterraba, por exemplo, tem folhas deliciosas, lindas e nutritivas, e com sua casca podemos fazer chips (crocantes e saborosos), molhos, sopas ou quiches (a casca da beterraba é um corante natural para massas).

A banana-verde é outra campeã da utilização integral. Com ela, podemos produzir uma rica biomassa que é usada em muitas receitas (nhoques, bolos, muffins, chutneys, farinhas, etc.). A banana-verde aparece também em deliciosas adaptações da caponata, em maioneses e em forma de chips (crocantes e deliciosos como os de beterraba).

Os brócolis são outro alimento que merece ser mencionado. Seu caule, firme e muito saboroso, ideal para cortes como julienne e brunoise, pode ser servido em saladas ou salteado, como acompanhamento. Suas folhas, flores e pedúnculos florais também são comestíveis. Purê, pesto, sopa, torta, quiche e tempurá são alguns dos preparos em que as partes do brócolis podem aparecer, e suas folhas podem substituir a couve.

Desenvolver receitas que aproveitam integralmente os alimentos depende da criatividade de cada um. A lista a seguir traz algumas outras sugestões para você começar a trabalhar com o aproveitamento total em seu restaurante, mas as possibilidades são infinitas.

- **Abacaxi**: casca (sucos, massa para bolos e muffins, chutneys, compotas, chips).
- **Abóboras**: casca (chips, chás, ralada in natura em saladas) e sementes (assadas).
- **Agrião**: talos e folhas (saladas, refogados, caldos, massas, recheio para quiches, tortas e muffins, molhos, farofas, chás e xarope) e talos cozidos (timbales, risotos e no caldo do feijão e de outras leguminosas).
- **Alecrim e tomilho**: folhas (temperos variados) e talos e folhas (caldos).
- **Batatas**: cascas (chips, purês, sopas). Lembre-se: não é preciso tirar a casca da batata, é possível utilizá-la integralmente em todos os pratos.
- **Cenoura**: folhas (saladas, caldos, massa verde para panquecas, wraps/tapiocas e macarrões, caldo verde, maionese, recheio de tortas e quiches, bolos salgados, sucos, chás) e casca (sucos, caldos, chips).
- **Couve**: folhas e talos (farofas, salteados, recheio de tortas e quiches, farofas, suflês) e folhas in natura (saladas).

- **Couve-flor**: folhas (substituem a couve, fatiadas fino, refogadas ou salteadas, em recheio de tortas, etc.) e talos (cortados em julienne, brunoise, palito, jardineira ou batonero, para farofas, muffins, quiches, saladas, caldos).
- **Espinafre**: folhas (quiches, tortas, muffins, suflês, saladas, sucos) e talos (farofas, pães, patês, quiches, caldos, molhos, sopas).
- **Gengibre**: casca e raiz (caldos, sucos, chás frios e quentes, molhos).
- **Laranja e tangerina**: folhas (chás, molhos, caldos), casca (em geleias, pães e cristalizadas), casca e sumo (bolos, doces, sorvetes, caldas) e raspas da casca (como aromatizante ou tempero em saladas, grãos e leguminosas).
- **Limão**: folhas (chás, sucos, aromatizante no arroz, em leguminosas, em caldos e na água) e raspas da casca (como aromatizante ou tempero na finalização de pratos salgados e doces).
- **Mamão**: cascas (massa de bolos e doces caseiros) e sementes (podem ser usadas como condimento de sabor picante ou em sucos). A casca do mamão verde também pode ser usada em cozidos e carnes.
- **Manga, goiaba, maçã, pera, pêssego**: casca e caroço (chás quentes e frios) e cascas (branqueadas e caramelizadas, para finalizar pratos ou adicionar em molhos para carnes, chutneys, geleias, massa de bolos, chips, muffins).
- **Manjericão**: talos finos e folhas (pesto, caldos, molhos para salada, refogados, recheios e chás) e talos grossos (caldos e chás).
- **Melancia**: casca (ralada, em saladas, branqueada e refogada em diversos pratos, ou cortada em brunoise na salsa mexicana e em vinagretes) e sementes (tostadas, em saladas e granolas).
- **Melão**: casca (cortada em julienne, branqueada ou refogada e temperada como se fosse um vegetal, ou cortada em brunoise, na salsa mexicana e em vinagretes) e sementes (tostadas, em saladas e granolas).

- **Rúcula**: talos e folhas (saladas, molhos, pesto, refogados, recheio de quiches, tortas e muffins, farofa, chás e xarope medicinal).
- **Salsinha**: talos e folhas (molhos, temperos, pesto, massa de tortas, quiches e pães, caldos, guisados, caçarolas, sucos, chás, xarope).
- **Tomate**: pele e polpa (caldos, molhos, chutneys, massa de panquecas e wraps, sucos, ketchup caseiro).

Para ser aproveitado integralmente, o ideal é que o alimento chegue ao restaurante com todas as suas partes (folhas, caule, raiz, flores). Caso seja difícil receber os insumos desse modo (por conta da falta de espaço ou de tempo para a higienização, por exemplo), uma possibilidade é adquirir as folhosas, leguminosas e tubérculos já higienizados, mas insistindo com o fornecedor para que entregue todas as outras partes do alimento, também higienizadas.

Vale a pena buscar fornecedores dispostos a oferecer esse tipo de serviço, mesmo que não sejam orgânicos. Nesse caso, tome cuidado para não misturar alimentos orgânicos e não orgânicos, a fim de evitar contaminação cruzada por agrotóxicos. Esse é um cuidado básico de segurança alimentar. De resto, o aproveitamento integral de insumos convencionais segue o mesmo protocolo dos orgânicos. É possível aproveitar 100% do alimento.

O poder da doação

Outra ação importante a se considerar é doar excedentes diretamente para pessoas que precisam ou para organizações não governamentais. Além de honrar o aproveitamento integral, essa é uma prática legal (juridicamente falando), humana e solidária. Doar abre espaço para a inclusão social, desenvolve o senso de solidariedade e cidadania na empresa e reduz o impacto ambiental ao evitar o desperdício de alimentos.

No Brasil, contamos com excelentes instituições que trabalham incansavelmente para combater a fome através da doação de alimentos (indico algumas delas no capítulo 11 deste livro, "Formando uma rede sustentável"). A pandemia de covid-19 chamou a atenção para o trabalho dessas instituições, que em meio a uma crise social sem precedentes passaram a ser observadas por muitos setores e pelo governo. Tornou-se clara, então, a necessidade de mudanças na legislação com o objetivo de combater a fome e ao mesmo tempo solucionar o problema do desperdício de alimentos.

Em 23 de junho de 2020, entrou em vigor a Lei nº 14.016, que dispõe sobre o combate ao desperdício de alimentos e a doação de excedentes de alimentos para o consumo humano. Essa lei, de abrangência nacional, permite a doação de alimentos diretamente ou através de bancos de alimentos de entidades beneficentes, de forma gratuita e sem incidência de encargos. O texto deixa claro que a doação não estabelece relação de consumo, que o doador só será responsabilizado por danos causados pelo alimento se agir com dolo, e que a responsabilidade acaba quando a doação é entregue.

Na cidade de São Paulo, em 24 de janeiro de 2022, entrou em vigor a Lei Municipal nº 17.755, que dispõe sobre a doação de excedentes de alimentos pelos estabelecimentos dedicados à produção e ao fornecimento de refeições. A lei autoriza esses estabelecimentos a doar excedentes de alimentos não comercializados e ainda próprios para o consumo humano.

Portanto, doar alimentos está dentro da lei, e é importante que todos aprendam sobre o assunto, conhecendo a legislação para que possam dar sua contribuição como cidadãos e em suas empresas (especialmente nas empresas do setor alimentício). Para os que querem doar e fazer parcerias, mas não sabem por onde começar, vale a pena conhecer as ONGs que trabalham com segurança alimentar e doações de alimentos, bem como as políticas públicas e os conselhos que trabalham para assegurar o direito humano à alimentação adequada no município, no estado e no país.

Aprender sobre segurança alimentar é outro passo fundamental.

A Lei nº 11.346/2006 define segurança alimentar como:

> [a] realização do direito de todos ao acesso regular e permanente a alimentos de qualidade, em quantidade suficiente, sem comprometer o acesso a outras necessidades essenciais, tendo como base práticas alimentares promotoras de saúde que respeitem a diversidade cultural e que sejam ambiental, cultural, econômica e socialmente sustentáveis (Brasil, 2006).

A mesma lei, em seu artigo 2º, afirma:

> A alimentação adequada é direito fundamental do ser humano, inerente à dignidade da pessoa humana e indispensável à realização dos direitos consagrados na Constituição Federal, devendo o poder público adotar as políticas e ações que se façam necessárias para promover e garantir a segurança alimentar e nutricional da população (Brasil, 2006).

No entanto, o setor privado (e particularmente o setor de restaurantes) também pode promover e apoiar práticas que visam à segurança alimentar da população. E por que não o fazemos, se, como vimos, a legislação permite a doação de excedentes de alimentos em bom estado e há diversas entidades dedicadas a direcionar essas doações? Talvez por falta de consciência ou interesse, por medo, ou simplesmente pela falta de hábito. No entanto, espero que não seja por falta de solidariedade, tendo em vista o quadro crítico de fome e desperdício que presenciamos.

Resolveremos boa parte desses grandes problemas se cada estabelecimento assumir sua responsabilidade e criar seu próprio programa de atuação na sociedade, seja através de parcerias com projetos sociais, seja de forma direta, na comunidade local. E por falar em programa de atuação, focar nos colaboradores pode ser uma boa estratégia para evitar desperdícios. É possível, por exemplo, criar um sistema de repasse de refeições em excelente estado vendidas à equipe por valor simbólico, ajudando os colaboradores e ao mesmo tempo evitando jogar fora alimentos.

Outra ideia é promover um sistema interno de aproveitamento que usei bastante em minhas consultorias. O sistema funciona da seguinte forma: a empresa investe em potes de tamanho idêntico (vamos dizer, de 800 gramas a 1 quilo), um para cada colaborador, identificados com nome. Com a supervisão da gestão do restaurante e um profissional nutricionista, é feita a pesagem correta e igualitária dos alimentos, e todos levam para casa uma refeição, que podem consumir, por exemplo, no jantar. Caso adote essa iniciativa e queira se sentir mais segura, a empresa pode solicitar que os colaboradores interessados em receber a marmita assinem um termo em que se responsabilizam pela conservação do alimento após o recebimento.

Existem ainda outras soluções, como o aplicativo Food to Save, que tem ajudado empresas e restaurantes a evitar o desperdício. Os estabelecimentos interessados podem selecionar itens excedentes para montar uma "sacola surpresa", que é disponibilizada no app com até 70% de desconto. Os clientes podem então comprar essas sacolas e recebê-las por delivery ou retirá-las no próprio estabelecimento.

Um ponto essencial para a doação de alimentos é compreender a diferença entre "restos" e "sobras". *Restos* são alimentos que foram preparados, servidos e ficaram no prato do cliente, ou que, apesar de não terem sido servidos, não foram armazenados adequadamente, em temperaturas seguras. Por questões de segurança alimentar, esses alimentos não devem ser consumidos e infelizmente serão perdidos, pois não podem ser repassados, apenas encaminhados para compostagem (o que é importante, visto que, se jogados no lixo, esses restos se tornarão rejeito).

Já *sobras* são alimentos preparados e armazenados em local e temperatura segura, mas que acabaram não sendo servidos. Esses alimentos podem ser consumidos pela equipe do restaurante, vendidos a clientes por um valor reduzido (diretamente ou por meio de apps como o Food to Save, por exemplo) ou doados para instituições, organizações ou projetos sociais parceiros.

Todas as ações aqui citadas, do aproveitamento integral dos alimentos até as estratégias de destinação das sobras, contribuem com a sociedade e demonstram senso de cidadania. Soluções existem, basta querer fazer acontecer. Com essa disposição, espero, chegaremos ao momento em que doar será um ato natural.

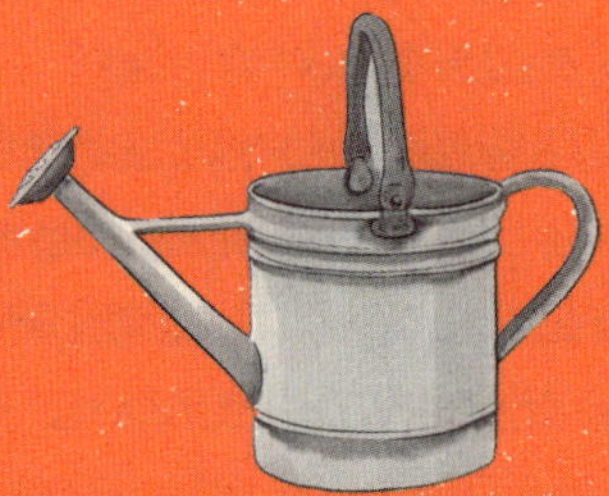

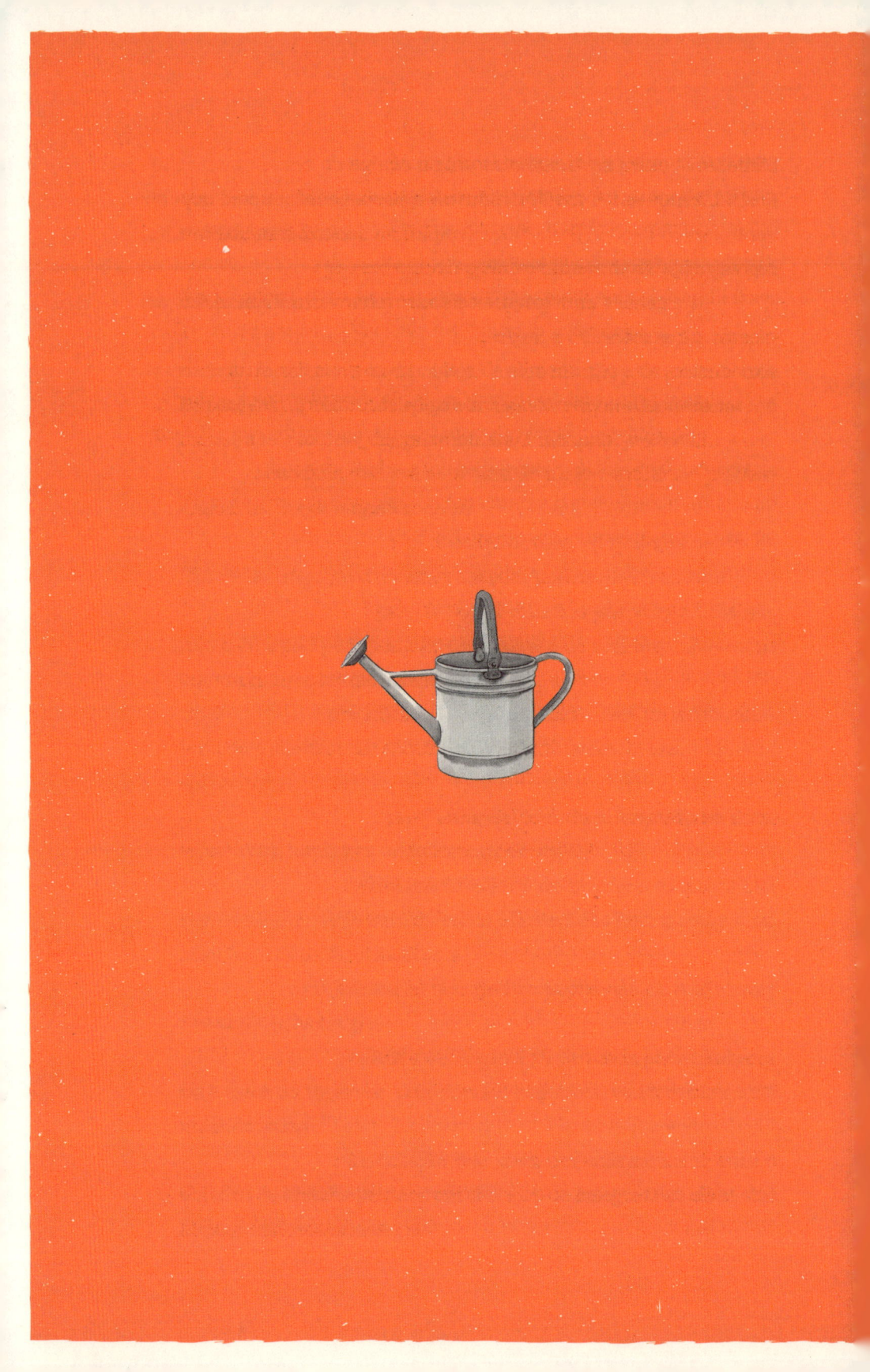

Capítulo 8

Compostagem

Mesmo com uma estratégia de aproveitamento integral e doação de alimentos, um restaurante ainda precisa lidar com a correta destinação dos restos que acaba produzindo. Para que esses restos não sejam simplesmente jogados no lixo e se tornem rejeito, implementar um sistema de compostagem é essencial.

A compostagem é um processo biológico de decomposição que forma um composto a partir da matéria orgânica de restos de origem animal ou vegetal. Esse processo dá um destino útil a resíduos orgânicos que se acumulariam em aterros, e o composto dele resultante pode ser aplicado no solo para melhorar suas características, sem riscos ao meio ambiente. Assim, a compostagem, através do adubo orgânico que produz, devolve nutrientes à terra, aumenta sua capacidade de reter água, reduz a erosão do solo e evita o uso de fertilizantes sintéticos.

Há diversos métodos de compostagem, que variam de sistemas simples, caseiros e artesanais, até sistemas bastante complexos, nos quais é possível monitorar e controlar os fatores interferentes com relativa precisão. Apesar da grande variedade de métodos, os sistemas de compostagem podem ser agrupados em três grandes categorias: sistemas de leiras revolvidas (*windrow*), sistemas de leiras estáticas aeradas (*static pile*) e sistemas fechados ou reatores biológicos (*in-vessel*).

No sistema de leiras revolvidas, os resíduos são dispostos em leiras, e a aeração ocorre por meio do revolvimento do material e da convecção do ar na massa do composto. O revolvimento visa manter as características físicas e químicas do composto em ótimo nível. Na agricultura, esse tipo de compostagem é feito com matéria orgânica ou restos biodegradáveis não usados ou comercializados (excedentes que se perdem numa lavoura, por exemplo). Para grande quantidade de resíduos (como os oriundos de supermercados, feiras livres, refeitórios, cozinhas de indústrias e restaurantes), esse método é considerado um dos mais eficientes.

Já no sistema de leiras estáticas aeradas, a matéria orgânica é colocada sobre uma tubulação perfurada que injeta ou aspira ar na massa do composto, e não há revolvimento mecânico.

Por fim, nos sistemas fechados ou reatores biológicos, o material é colocado em sistemas fechados (máquinas elétricas/automáticas ou biodigestores), onde é possível controlar todos os parâmetros da compostagem, acelerando a fermentação ao melhorar as condições para que ela ocorra (sobretudo por meio do arejamento e do aquecimento) e dando tratamento especial à matéria-prima.

Os resíduos de origem vegetal e animal gerados por um restaurante não são lixo, e podem se transformar em um produto valioso se encaminhados para um serviço de compostagem. Seja qual for o sistema adotado, por meio da compostagem esses resíduos podem se transformar em adubo e contribuir para o funcionamento sistêmico natural e a economia circular do alimento: adubo, plantio, lavoura, colheita, mesa, consumo e adubo novamente.

Vale observar, porém, que a depender da tecnologia de compostagem adotada pelo estabelecimento, nem todos os restos de alimento poderão ser processados *in loco*. Um minhocário, por exemplo, funciona muito bem com pequenas quantidades de frutas, legumes e verduras, mas não com resíduos de origem animal (para aumentar a quantidade de resíduos de origem vegetal processados, uma possibilidade é construir "torres", adicionando potencial ao minhocário). Entretanto, há muitas outras tecnologias de compostagem, e é possível acomodar todos os tipos de resíduo orgânico produzidos em cozinhas profissionais.

Para começar, o ideal é contratar uma consultoria que, após conhecer a geração de resíduos em sua cozinha, forneça as orientações necessárias para que você contrate um serviço ambiental especializado em compostagem. A consultoria especializada é importante para obter um diagnóstico do volume de resíduos gerados no restaurante e, com base em tal diagnóstico, escolher a melhor solução de compostagem. A tarefa principal do estabelecimento será, com a ajuda dessa consultoria, pesquisar e conhecer os tipos de serviço de compostagem disponíveis no mercado e em seu entorno, informando-se sobre valores e outros aspectos práticos.

Depois de escolher uma solução, tenha em mente que treinamentos constantes serão necessários. É importante eleger um responsável na equipe para atuar como "supervisor-servidor" da rotina diária que será implementada. Um sistema de compostagem deve apresentar resultados: zerar o desperdício e produzir adubo de qualidade. Levando isso em conta, lembre-se que separar corretamente os restos de alimento é crucial para garantir bons resultados.

No final do processo, saiba que o adubo produzido pertence a seu restaurante e é um material de valor. Esse adubo pode ser usado em jardins ou vasos do restaurante, ou pode ser doado para projetos ambientais, instituições, escolas, igrejas, parques e até para os colaboradores que tenham jardim em casa. Há também a opção de usá-lo em permutas com floriculturas da região ou, ainda, para fazer lembrancinhas corporativas, oferecendo aos seus clientes, por exemplo, uma mudinha de planta junto com o adubo, em saquinhos de papel.

A seguir, vamos tratar em mais detalhes de algumas soluções para compostagem, para ajudar seu restaurante a implementar o próprio sistema e, no final do processo, ter um adubo de excelente qualidade.

Soluções para compostagem

Como primeira solução para compostagem, vale mencionar a coleta de resíduos orgânicos in loco, feita por empresas especializadas. Essa ainda não é uma prática comum em nosso segmento, porém, se mais restaurantes contratarem esse tipo de serviço ambiental, maiores serão as chances de novas empresas de coleta surgirem. Com um interesse crescente, há até a possibilidade de a própria prefeitura tomar a iniciativa. Algumas cidades, como Florianópolis, já contam com um serviço municipal de coleta de resíduos orgânicos.

Seria ótimo se mais pátios de compostagem fossem criados pelas prefeituras, em todos os municípios, com a adoção, por exemplo, do sistema de leiras, que funciona com aeração passiva, garantindo o processo termofílico da compostagem. Leiras têm capacidade de replicação, e esse é um ponto positivo para qualquer cidade que queira adotar um sistema de compostagem. Além da destinação correta dos resíduos, os municípios se beneficiariam com a produção de adubo em larga escala (adubo que pode ser usado em jardins e hortas de hospitais, escolas, creches, parques, etc.).

No entanto, se o seu município não conta com um sistema de compostagem e seu restaurante não pode contratar uma empresa que colete resíduos orgânicos, há outras soluções disponíveis. Entre essas soluções, podemos destacar os minhocários, a compostagem em cilindros, o sistema HomeBiogas, os biodigestores industriais e as composteiras automáticas.

Os minhocários são sistemas para reciclar resíduos orgânicos em caixas modulares onde minhocas e microrganismos transformam restos de alimento em adubo. Esse sistema funciona com volumes menores de restos de comida, preferencialmente de origem vegetal (exceto algumas frutas, como laranja e limão, que não se comportam bem em minhocários). No entanto, apesar dessas limitações, o sistema pode ser eficiente em um pequeno restaurante vegetariano, por exemplo. Caso haja interesse por essa opção, procure um especialista. O método é bastante simples, mas um especialista saberá avaliar com precisão o volume gerado de resíduos, o espaço disponível e o número necessário de caixas. Há empresas especializadas nesse serviço.

No sistema de compostagem em cilindros, composteiras em formato cilíndrico, com cerca de 1,20 metro de diâmetro por 1 metro de altura, são instaladas no restaurante, se possível perto da cozinha. Essas composteiras são ideais para restaurantes com condições externas adequadas, que disponham de um quintal, um pátio ou até mesmo um espaço na parte superior do estabelecimento.

O sistema HomeBiogas produz até três horas de gás de cozinha todos os dias usando apenas restos de comida e esterco animal. O sistema precisa de luz solar para produzir biogás, pois nele as bactérias se desenvolvem no calor. Por isso, para ter melhores resultados, é necessário implantá-lo em lugares abertos, que recebam a luz do sol mesmo durante o inverno.

No sistema de biodigestores, o processo fermentativo é parecido com o da compostagem feita em leiras, mas totalmente anaeróbica (sem presença de oxigênio). Os resíduos orgânicos são estabilizados e transformados em compostos simples. Os subprodutos desse processo são o biogás e o biofertilizante.

As composteiras elétricas ou automáticas são máquinas que podem tratar qualquer matéria de origem vegetal ou animal, provocando alterações físico-químicas através de um processo de compostagem acelerado por fermentação aeróbica. Há empresas que locam essas máquinas e oferecem outros serviços relacionados, como estudos da composição gravimétrica dos resíduos, treinamento para manuseio da tecnologia, manutenção técnica e estudo de qualidade para aplicações agronômicas do composto final.

Um restaurante que utiliza o sistema de composteiras elétricas (e um exemplo em sustentabilidade) é o Corrutela, localizado em São Paulo e comandado pelo chef Cesar Costa. O restaurante, que tem uma operação relativamente pequena, processa seus resíduos orgânicos *in loco*, em uma composteira elétrica que fica dentro do salão do restaurante, provando que a compostagem não exala cheiro algum quando feita de forma correta. César é engajado, dedicado e mantém sua equipe unida em torno dos propósitos de seu restaurante. O Corrutela produz suas próprias massas, molhos e até mesmo seu próprio chocolate. Numa ocasião, cheguei a testemunhar a equipe da cozinha recebendo creme de leite fresco em um barril de alumínio, direto do produtor.

Treinamento da equipe

Qualquer que seja o sistema de compostagem adotado em seu restaurante, pense em como treinar sua equipe para colocá-lo em prática. Sugiro, inclusive, levar toda a equipe para conhecer um pátio de compostagem. Além disso, vale a pena criar um sistema de rodízio de tarefas entre os colaboradores, para que a equipe conheça todas as etapas do sistema de compostagem do restaurante.

Outra sugestão prática: adquira uma balança de chão para pesar os resíduos. Uma balança simples, que comporte até 100 quilos, funciona bem. Essa é uma maneira de a equipe observar melhor o quanto de alimento está desperdiçando. O peso dos resíduos pode ser anotado diariamente numa planilha e acompanhado ao longo do tempo. Torna-se possível, então, saber quanto o restaurante desperdiçou em um dia, em uma semana, em um mês, em um ano. Um dado importantíssimo, pois desperdício não é só alimento, mas também investimento que vai para o lixo. Quando os números são claros, a mudança acontece.

Enquanto esse exercício é feito, deve-se mostrar aos colaboradores que reverter o desperdício é uma tarefa relativamente simples quando existe disciplina. E o primeiro passo é lembrar o que pode ser colocado no recipiente destinado à compostagem: cascas, folhas, flores, aparas de comida, restos de comida do prato dos clientes, cascas de ovos, borra de café, palitinhos de madeira, mexedores de madeira, guardanapo, papel-toalha usado e qualquer outro material orgânico. É essencial saber fazer a separação de todos os resíduos corretamente desde o início do processo.

Embalagens compostáveis e biodegradáveis

Ao escolher a embalagem para seus produtos, é importante que sua escolha seja coerente não só com a legislação relativa à saúde pública, mas também com princípios ecológicos. Essa tarefa não é fácil, já que ainda é difícil encontrar embalagens realmente ecológicas, mas vale a pena fazer um esforço para encontrá-las. E, nesse sentido, o ideal é usar embalagens compostáveis (ou, se não for possível, pelo menos 100% recicláveis).

Embalagens convencionais de plástico são produzidas com recursos naturais não renováveis, como o petróleo. Essas embalagens se decompõem lentamente, permanecem por dezenas ou centenas de anos no meio ambiente, provocam acúmulo de resíduos, poluem o solo e a água e reduzem o tempo de vida útil de aterros sanitários. Além disso, durante o processo de decomposição no meio ambiente, os plásticos se quebram em microplásticos, partículas diminutas que entram na cadeia alimentar e se acumulam no organismo de animais e pessoas, podendo trazer graves problemas de saúde ao longo do tempo.

Por conta desses e de outros problemas, a discussão sobre embalagens sustentáveis cresceu nos últimos anos. Hoje, a preocupação em reduzir o uso de plásticos convencionais é global, tornando urgente a necessidade de encontrar alternativas menos impactantes para o meio ambiente, para a sociedade e para a saúde humana. E nesse contexto é que surgiram as embalagens biodegradáveis e compostáveis.

Embalagens biodegradáveis e compostáveis são feitas a partir de fontes naturais renováveis, principalmente plantas ricas em amido e fibras. Assim, a matéria-prima que as compõe pode ser cultivada e renovada constantemente, o que torna sua fabricação e uso bem mais sustentáveis.

Quando falamos nessas embalagens, porém, é preciso ter cuidado para não cair na teia do greenwashing. Traduzido literalmente como "lavagem verde", o termo "greenwashing" refere-se a divulgações falsas sobre sustentabilidade, por meio das quais empresas afirmam que seus produtos são sustentáveis quando na realidade não são. O greenwashing é feito através de publicidade ou da inclusão de informações indevidas no rótulo dos produtos.

Assim, é preciso considerar que embalagens biodegradáveis não são necessariamente mais sustentáveis. Um equívoco comum é confundir "biodegradável" com "compostável". Mas nem toda embalagem biodegradável é compostável, embora toda embalagem compostável seja biodegradável. Compostáveis são aquelas embalagens que, além de se degradarem em um curto espaço de tempo, geram unicamente água, gás carbônico e húmus.

As embalagens biodegradáveis devem seguir a ABNT NBR 15448-2. Por meio da atividade de microrganismos aeróbios (bactérias, fungos), essas embalagens se desintegram em pedaços de dois milímetros em um prazo máximo de noventa dias, dentro de níveis considerados aceitáveis de toxicidade e de emissão de CO_2. O problema é que muitas dessas embalagens são feitas de plástico e acabam no oceano, onde não encontram condições adequadas para se decompor.

A seguir, vamos conhecer um pouco mais sobre diferentes tipos de embalagem biodegradável. Esse conhecimento é importante para evitar o greenwashing e saber quais embalagens são de fato compostáveis.

- **Poliácido lático (PLA):** plástico biodegradável, reciclável e compostável criado para substituir plásticos convencionais. Geralmente se decompõe em um período de entre seis meses e dois anos. Esse processo, porém, só pode ser concluído adequadamente se o produto for destinado à compostagem, e não a aterros sanitários. A desvantagem desse material é a baixa resistência a altas temperaturas e a fortes impactos.

- **Celofane:** é um material biodegradável, amplamente utilizado para embalar alimentos, cosméticos e outros produtos. Existem, basicamente, duas variações: uma permeável e outra impermeável à umidade. Recentemente, existe a versão compostável de celofane, que se degrada em ambiente de compostagem em até 180 dias, atendendo aos critérios das normas internacionais para compostabilidade.

- **Celulose:** a matéria-prima à base de celulose vem se consolidando como uma resposta concreta às exigências da nova era: inovação, sustentabilidade e responsabilidade ambiental. Derivadas de fontes renováveis, essas embalagens oferecem alternativas compostáveis e biodegradáveis ao plástico convencional, sem abrir mão da funcionalidade. Desenvolvida a partir da sinergia de filmes compostáveis, oferece uma alternativa sustentável para aplicações que exigem barreira e selagem, como em cozinhas profissionais. Ainda é um produto novo no mercado, porém, poderá ser disponibilizado e com exclusividade para alguns usuários potenciais selecionados como restaurantes e hotéis.

- **Papel:** também derivadas da celulose, as embalagens de papel são uma opção biodegradável e reciclável. Assim, trata-se de um material que, caso o consumidor não consiga destinar à compostagem, ainda pode ser encaminhado à coleta seletiva, a ecopontos ou a cooperativas para ser reciclado.

- **Outras fontes vegetais:** embalagens biodegradáveis e compostáveis, feitas com bagaço da cana-de-açúcar, mandioca, fibra de milho, cogumelo, etc. Essas embalagens apresentam boa resistência física, permeabilidade e tolerância ao calor e ao frio, embora algumas delas não suportem altas temperaturas (não podem ser aquecidas no forno, por exemplo). São biodegradáveis e compostáveis. Sua maior desvantagem é o alto custo em comparação às embalagens convencionais. Esse alto custo, porém, é compensado pela capacidade dessas embalagens de neutralizar impactos ambientais, valorizar a economia circular e resguardar a saúde humana.

Optar por embalagens compostáveis é muito importante, sobretudo no caso de negócios que trabalham com entregas. Alguns restaurantes já se destacam por usar essas embalagens, 100% biodegradáveis e compostáveis, feitas de matéria-prima vegetal, e que podem inclusive ser encaminhadas para uma composteira elétrica.

O cliente consciente certamente se preocupa com os impactos ambientais de seus hábitos de consumo, e por isso vale a pena anexar um informativo nas embalagens que saem do restaurante. Dessa forma, a contribuição do estabelecimento se multiplica: o cliente é informado sobre as características da embalagem e sobre seu descarte correto, e o meio ambiente se beneficia com o "final feliz" dessa embalagem.

Esponjas compostáveis

Quando o assunto é compostagem, além das embalagens, vale pensar no impacto das esponjas de lavar louça, usadas aos montes em cozinhas industriais. A esponja que mais comumente usamos é sintética, feita de uma mistura de plásticos (dentre eles o plástico poliuretano, feito com petróleo e outros componentes químicos) que torna a reciclagem desse material muito difícil. Essas esponjas geralmente são descartadas em lixo comum e acabam em aterros sanitários, em enormes quantidades.

Uma alternativa para as esponjas sintéticas são as esponjas ou buchas vegetais, derivadas da *Luffa cylindrica*. Essas esponjas cumprem bem a função de lavar a louça, têm boa durabilidade, são feitas com matéria-prima natural, biodegradável, e podem ser compostadas em sistemas de compostagem seca (a compostagem úmida, ou com minhocas, não é recomendada, pois o detergente ou o sabão podem ser tóxicos para as minhocas).

Usando a bucha vegetal, você incentiva pequenos agricultores dedicados à produção da planta de que ela é extraída. Além disso, a esponja vegetal em geral é mais barata e pode ser adquirida facilmente, até em feiras livres e mercados locais. Ela rende mais, pois pode ser cortada em pedaços, apesar de durar o mesmo tempo que a esponja sintética (bactérias são capazes de colonizar esponjas rapidamente, sejam sintéticas ou vegetais, e por isso é preciso trocá-las a cada uma ou no máximo duas semanas, a depender da frequência de uso).

A higienização da esponja vegetal também é a mesma da sintética: deve-se lavá-la com uma colher de sopa de água sanitária ou hipoclorito de sódio para cada litro de água, ou utilizar a recomendação de diluição adequada de acordo com o rótulo do produto destinado a este fim. Higienizá-las com água fervente também é uma boa solução, mas jamais no micro-ondas.

Por fim, depois de usadas, as esponjas vegetais devem ter destinação correta, indo parar não no lixo, mas em sistemas de compostagem adequados. Hoje, no mercado, existem algumas marcas de esponjas que se mostram como biodegradáveis, no entanto, é preciso atenção ao ler as informações e conhecer bem sobre a composição do produto. Para que sejam denominadas biodegradáveis, é preciso que haja, na composição, 100% de fibras vegetais. Qualquer mistura de outros materiais não biodegradáveis poderá comprometer o meio ambiente. Por exemplo, se o produto apresentar composição de 70% ou 90% de matéria-prima vegetal e o restante da composição apresentar materiais poluentes como o poliéster, este produto não poderá ser denominado como biodegradável.

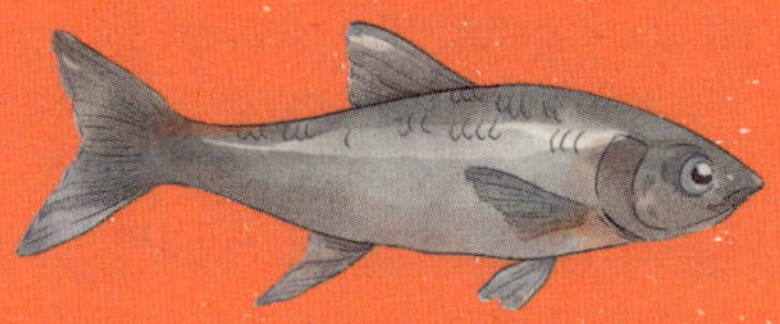

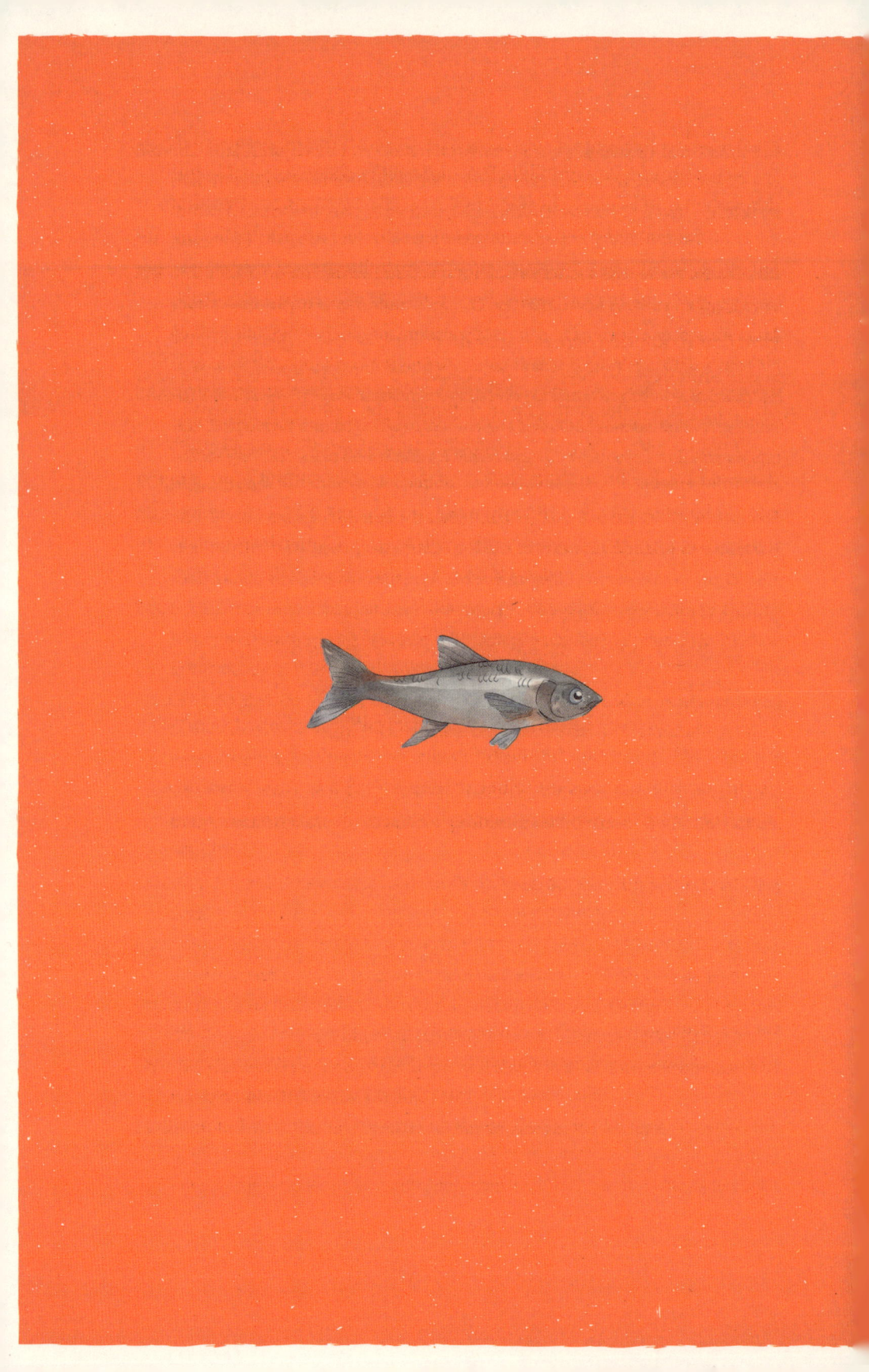

Capítulo 9

Objetivos de Desenvolvimento Sustentável para restaurantes

Os Objetivos de Desenvolvimento Sustentável (ODS) surgiram da constatação de um descompasso entre as evidências concretas da limitação de recursos e a realidade da conduta político-econômica mundial. A Organização das Nações Unidas (ONU) decidiu então estabelecer metas e criar métricas como estratégia para responder à crescente degradação do planeta. O foco foi então direcionado a circunstâncias que demandam atenção urgente, como a extrema pobreza, a fome e a consciência do limite dos recursos naturais. Assim, em 2015, os 17 Objetivos do Desenvolvimento Sustentável foram criados para compor a Agenda 2030, um compromisso assumido por todos os 193 países-membros da organização.

Os ODS podem ser compreendidos como um guia sobre como tratar e compartilhar os recursos naturais em um planeta que deve chegar a quase 9 bilhões de habitantes em 2030, buscando garantir a todos o direito ao desenvolvimento, ao bem-estar e a boas condições de vida. Esses objetivos mostram o caminho para alcançar a sustentabilidade social, econômica e ambiental, e apesar de terem sido desenvolvidos para resolver questões político-econômicas, também podem orientar práticas empresariais. Ou seja, podemos nos orientar pelos ODS para criar uma gestão mais humanizada e sustentável dentro de nossos negócios, assim como o SK (Sustainable Kitchens), que oferece a governança baseada nos 17 ODS, apresentados na figura a seguir:

Para entender melhor como as cozinhas profissionais podem interagir com cada ODS, estudei os 17 objetivos e as 169 metas traçadas pela ONU pensando em como integrá-los em ações saudáveis, sustentáveis e responsáveis para o setor de serviços de alimentação. A seguir, proponho uma série de metas específicas para o nosso setor, relacionadas a cada um dos 17 objetivos. Para conferir as metas originais e compará-las com as que aqui proponho, acesse o site oficial da ONU (Nações Unidas Brasil, 2020).

Objetivo 1: acabar com a pobreza em todas as suas formas, em todos os lugares.

- Apoiar projetos sociais incentivando indivíduos vulneráveis, doando a projetos já existentes ou direcionando um percentual das vendas de seu negócio. Pode-se eleger um conselho responsável por garantir que essas ações sejam implantadas e criar métricas para aferir os resultados das ações.
- Implementar nacionalmente (temos no Brasil cerca de 1 milhão de negócios do ramo da alimentação, segundo a Abrasel) medidas e sistemas de proteção social adequados para todos os que trabalham no setor. Como parte dessas ações, gerar oportunidades de emprego por meio do ensino de ofícios.
- Mobilizar diversas formas de apoio (doações, oportunidades, envolvimento em projetos sociais e comunitários) para promover o desenvolvimento de comunidades em situação de pobreza, buscando também colaborar com entidades governamentais a fim de estabelecer uma base para programas e políticas de erradicação da pobreza.

Objetivo 2: acabar com a fome, alcançar a segurança alimentar e melhoria da nutrição e promover a agricultura sustentável.

- Apoiar produtores familiares rurais que se dedicam ao cultivo sustentável. Essa meta dialoga com várias das metas da ONU, como 2.3, 2.4 e 2.5.

- Reduzir o desperdício e direcionar doações de refeições de forma legal e organizada como ação humana e sustentável.
- Restaurantes podem e devem incentivar, contribuir e apoiar o cultivo de hortas agroecológicas urbanas, comunitárias, assim como projetos sociais relacionados, que também incentivam a multiplicação de cozinhas comunitárias. Inúmeros projetos de impacto social estão agregando cozinhas solidárias e comunitárias, produzindo e alimentando centenas de pessoas e famílias, que antes se encontravam em estado de vulnerabilidade e insegurança alimentar.
- Restaurantes podem patrocinar, ser parceiros e apoiar a multiplicação de projetos sociais importantíssimos para a população que se encontra em vulnerabilidade alimentar.

Objetivo 3: assegurar uma vida saudável e promover o bem-estar para todos, em todas as idades.

- Garantir que as empresas do setor de serviços de alimentação assegurem acesso à saúde a todos os seus colaboradores, seja por meio de um plano privado, de encaminhamento a planos oferecidos por sindicatos ou, ainda, de facilitação do acesso à rede SUS. O setor de recursos humanos deve supervisionar essas atividades. Toda empresa do setor deve se comprometer com a saúde e o bem-estar de sua equipe.
- A saúde física e mental deve ser considerada fator importante em qualquer empresa. Desse modo, promover exercícios físicos diários (ou semanais), como ginástica laboral, pilates, ioga e meditação, é agregar valor à equipe do restaurante.

Objetivo 4: assegurar a educação inclusiva e equitativa e de qualidade, e promover oportunidades de aprendizagem ao longo da vida para todas e todos.

- Incentivar empresas do setor de serviços de alimentação a oferecer cursos profissionalizantes e técnicos para seus colaboradores e a disponibilizar material didático sobre alimentação e gastronomia.
- Criar iniciativas de acesso à arte e à cultura em estabelecimentos do setor. Na certificação Cozinha Saudável-Responsável (CSR), por exemplo, solicito aos estabelecimentos que criem um espaço com livros de todos os assuntos, disponíveis para os colaboradores. Os interessados pegam um livro para ler e levam outro para colocar no lugar, mantendo a estante sempre cheia.

Objetivo 5: alcançar a igualdade de gênero e empoderar todas as mulheres e meninas.

- Promover igualdade de gênero em todo o setor de alimentação por meio da criação de oportunidades, independentemente de origem social ou etnia. É importante estabelecer a criação dessas oportunidades como política interna e trabalhar conscientemente com a mudança da mentalidade da gestão empresarial, para que essas portas sejam abertas naturalmente.

Objetivo 6: assegurar a disponibilidade e gestão sustentável da água e saneamento para todas e todos.

- Garantir que as empresas do setor de alimentação minimizem a liberação de produtos químicos e aumentem substancialmente a reciclagem e a reutilização segura da água. Em restaurantes, cuidar da água dentro da cozinha é uma prática ambiental indispensável no processo de transição para a sustentabilidade.
- Em restaurantes, implantar filtros para que colaboradores e clientes tenham acesso a água potável sem custos. Com isso, não há necessidade de vender água em garrafinhas plásticas. Em uma consultoria que prestei, um cliente adotou essa medida, passando a servir água em jarras colocadas à mesa dos clientes. Em um mês, 3.500 garrafas plásticas deixaram de ser geradas. Esse tipo de ação deixa o cliente feliz e agrega valor à empresa.
- Em restaurantes, considerar a possibilidade de adotar um sistema de cisterna para coletar água de chuva para uso interno em banheiros, na limpeza de pisos, na lavagem de embalagens que serão descartadas, etc. Além de resultar em economia, essa medida contribui para a preservação e a restauração de ecossistemas hídricos.

Objetivo 7: assegurar o acesso confiável, sustentável, moderno e a preço acessível à energia para todas e todos.

- Implementar sistemas de energia renovável, como energia solar (é possível instalar placas solares ou "alugar" esse tipo de energia).
- Tomar todas as medidas possíveis para reduzir o consumo de energia. Por exemplo: trocar lâmpadas comuns por lâmpadas LED, sinalizar interruptores e ar-condicionado para que sejam desligados quando o local não estiver sendo utilizado, instalar filtros de água para diminuir a necessidade de refrigeração de garrafas, etc.

Objetivo 8: promover o crescimento econômico sustentado, inclusivo e sustentável, emprego pleno e produtivo e trabalho decente para todas e todos.

- Proporcionar empregos sobretudo para populações vulneráveis (refugiados, por exemplo), para que tenham maior chance de se inserir no mercado.
- Além de empregos, proporcionar treinamento e educação ambiental. Dessa forma, como grande gerador de empregos que é, o setor de alimentação tem potencial para fomentar consciência ambiental em larga escala.

Objetivo 9: construir infraestruturas resilientes, promover a industrialização inclusiva e sustentável e fomentar a inovação.

- Promover a industrialização inclusiva e sustentável e fomentar a inovação no setor de alimentos, buscando aumentar significativamente sua participação na geração de empregos e no PIB do país.

Objetivo 10: reduzir a desigualdade dentro dos países e entre eles.

- Oferecer oportunidades de forma igualitária (para pessoas com deficiência física, por exemplo), tanto de emprego como de treinamento técnico especializado.
- Incluir o apoio a projetos de inclusão social como parte da governança social do restaurante.

Objetivo 11: tornar as cidades e os assentamentos humanos inclusivos, seguros, resilientes e sustentáveis.

- Diminuir a quantidade de lixo gerado no setor de serviços de alimentação, separando e destinando os resíduos corretamente.
- Despertar restaurantes para o seu poder de influência e papel multiplicador na sociedade. Esses estabelecimentos podem fazer grande diferença ao promover participação sustentável em seus bairros, comunidades, cidades e estados.

Objetivo 12: assegurar padrões de produção e de consumo sustentáveis.

- Reduzir o desperdício em todo o setor de serviços de alimentação. Para isso, desde o momento da compra, é preciso planejar como o alimento será aproveitado em um cardápio consciente.
- Implementar um sistema de compras a granel, evitando excesso de embalagens.
- Tratar os resíduos como material de valor para a cadeia ambiental, garantindo a separação e a destinação correta. Considerar a implementação de um sistema de compostagem.

Objetivo 13: tomar medidas urgentes para combater a mudança climática e seus impactos.

- Optar pela compra de alimentos sustentáveis, orgânicos, locais e sazonais, cuja produção contribui para a biodiversidade e o equilíbrio dos biomas.
- Evitar materiais prejudiciais ao meio ambiente (como garrafas plásticas), ou cuja reciclagem seja difícil por não possuírem valor na cadeia circular de resíduos.
- Restaurantes devem apoiar a agricultura regenerativa local e fomentar a compra de alimentos agroecológicos para o preparo de pratos e refeições.

Objetivo 14: conservação e uso sustentável dos oceanos, dos mares e dos recursos marinhos para o desenvolvimento sustentável.

- Adotar, como princípio, a pesca consciente, sustentável e/ou artesanal. Restaurantes e cozinhas profissionais precisam preservar os animais marinhos de todo o país, e nos mais variados ambientes aquáticos. Assim, é de responsabilidade das empresas do setor saber quais peixes consumir e em que época do ano, bem como conscientizar sua equipe, clientes e comunidade sobre o assunto. Atenção especial deve ser dada aos peixes de cativeiro marítimo, pelos problemas ambientais (acidificação dos oceanos) e de saúde que essa prática acarreta.

Objetivo 15: proteger, recuperar e promover o uso sustentável dos ecossistemas terrestres, gerir de forma sustentável as florestas, combater a desertificação, deter e reverter a degradação da terra e deter a perda de biodiversidade.

- Apoiar iniciativas que protegem e garantem a recuperação dos ecossistemas terrestres. Restaurantes de hotéis, por exemplo, e outros estabelecimentos ligados à hospitalidade turística podem firmar parcerias com projetos socioambientais locais que já estão trabalhando com reflorestamento, regeneração dos biomas e lavouras sustentáveis. Ações como essas ajudam a preservar sementes e alimentos ancestrais considerados em extinção, a restaurar a biodiversidade e a recuperar lençóis freáticos, nascentes e o solo.

Objetivo 16: promover sociedades pacíficas e inclusivas para o desenvolvimento sustentável, proporcionar o acesso à justiça para todos e construir instituições eficazes, responsáveis e inclusivas em todos os níveis.

- Apoiar projetos sociais e ONGs que promovem inclusão social. Empresas do setor podem oferecer a essas ONGs treinamentos, cursos e oportunidades, incluindo talentos em seus times. Oportunidades geram senso de pertencimento social, cultural e econômico.

Objetivo 17: fortalecer os meios de implementação e revitalizar a parceria global para o desenvolvimento sustentável.

- Promover o desenvolvimento, a transferência, a disseminação e a difusão de tecnologias ambientalmente corretas em empresas do setor de serviços de alimentos.
- Reforçar parcerias para o desenvolvimento sustentável, compartilhando conhecimento, expertise, tecnologia e recursos financeiros.

Para avaliar o cumprimento de todas as metas aqui listadas, a sugestão é organizar encontros periódicos contando com o apoio da Associação Brasileira dos Profissionais pelo Desenvolvimento Sustentável (Abraps – https://abraps.org.br/), instituição da qual sou membro e coordenadora do GT Alimentação Consciente. Lá, promovemos eventos presenciais e lives mensais para discutir o desenvolvimento sustentável e a circularidade dos alimentos.

Similarmente, sugere-se que associações do setor – como a Associação Brasileira de Bares e Restaurantes (Abrasel), a Associação Nacional de Restaurantes (ANR) e a Associação Brasileira da Indústria de Alimentos (Abia) – promovam palestras e publicações e alcancem pessoas influentes da área com potencial para criar e alimentar projetos de valor.

O futuro do alimento é *tech* e natural – é ancestral, tecnológico e regenerativo.

Capítulo 10

Certificações

Certificar um produto, projeto ou estabelecimento pode ser significativo em um momento de transição e mudanças de paradigma. O objetivo de uma certificação é garantir transparência e transmitir credibilidade ao consumidor, que se sente mais seguro ao consumir um alimento que obedece a normas nacionais e internacionais de qualidade e segurança alimentar.

No caso dos produtos orgânicos, no Brasil, o produtor rural é certificado através de três mecanismos assim descritos pelo Ministério da Agricultura e Pecuária (Brasil, 2020b):

- **Certificação por auditoria**: a concessão do selo SisOrg é feita por uma certificadora pública ou privada credenciada no Ministério da Agricultura. O organismo de avaliação da conformidade obedece a procedimentos e critérios reconhecidos internacionalmente, além dos requisitos técnicos estabelecidos pela legislação brasileira.
- **Sistema Participativo de Garantia (SPG)**: caracteriza-se pela responsabilidade coletiva dos membros do sistema, que podem ser produtores, consumidores, técnicos e demais interessados. Para estar legal, um SPG tem que possuir um Organismo Participativo de Avaliação da Conformidade (Opac) legalmente constituído, que responderá pela emissão do SisOrg.

- **Controle social na venda direta**: a legislação brasileira abriu uma exceção na obrigatoriedade de certificação dos produtos orgânicos para a agricultura familiar. Exige-se, porém, o credenciamento numa organização de controle social cadastrada em órgão fiscalizador oficial. Com isso, os agricultores familiares passam a fazer parte do Cadastro Nacional de Produtores Orgânicos.

Além da certificação oficial de orgânicos, há outras certificações privadas ou sem fins lucrativos com relevância nacional:
- **Selo IBD**: selo do Instituto Biodinâmico (IBD), certificador brasileiro de produtos orgânicos com credenciamento Ifoam (mercado internacional), ISO/IEC 17065 (mercado europeu, por meio da regulamentação CE 834/2007), Demeter (mercado internacional), USDA/NOP (mercado norte-americano) e SisOrg (mercado brasileiro), o que torna seu certificado aceito globalmente.
- **Selo Ecocert**: selo de organismo de inspeção e certificação fundado na França, em 1991, por engenheiros agrônomos conscientes da necessidade de desenvolver um modelo agrícola baseado no respeito ao meio ambiente e de reconhecer produtores que optam por essa alternativa. O grupo Ecocert está no Brasil desde 2001.
- **Selo SK (Sustainable Kitchens)**: plataforma digital que oferece um sistema de governança em sustentabilidade e circularidade dos alimentos (circular food), desenhado para restaurantes e cozinhas profissionais de todos os perfis, dedicado ao desenvolvimento sustentável, à responsabilidade social, cidadania, ao humanismo e ao futuro do alimento. O programa de governança concede um certificado aos estabelecimentos que atenderem aos trinta critérios baseados em cinco pilares (alimento, saúde, meio ambiente, bem-estar da equipe e cultura) e que se engajam no cumprimento dos Objetivos de Desenvolvimento Sustentável (ODS). O programa observa o cumprimento dos Objetivos de Desenvolvimento Sustentável (ODS). O principal objetivo é promover valores e princípios

éticos em estabelecimentos que servem ou vendem refeições, tornando-os multiplicadores de boas práticas.
- **Organização Internacional Agropecuária (OIA)**: empresa de certificação orgânica que abrange diversos protocolos normativos, nacionais e internacionais, atendendo de produtores rurais a agroindústrias.

Há ainda outras certificações, internacionalmente relevantes, que vale a pena conhecer:
- **Certified Humane**: selo de bem-estar animal promovido e auditado pelo Instituto Certified Humane Brasil, representante da Humane Farm Animal Care, importante organização internacional de certificação sem fins lucrativos voltada à melhoria da vida dos animais criados para produção de alimentos.
- **BRCGS Food Safety Global Standard**: as normas BRCGS (Brand Reputation Compliance Global Standards) visam garantir aos consumidores produtos seguros, legais e de alta qualidade. Essas normas abrangem diversos setores da cadeia de suprimentos alimentares e de bens de consumo e envolvem comprometimento da alta administração, avaliação de riscos, gestão de qualidade e boas práticas de fabricação.
- **IFS Food (International Featured Standards)**: norma reconhecida pela Global Food Safety Initiative (GFSI) para auditar a qualidade e a segurança em processos e produtos de empresas de alimentos. É aplicável a empresas com processos de produção em que há algum perigo de contaminação. Os distribuidores mais importantes da Europa exigem a certificação IFS Food de seus fornecedores.
- **GLOBALG.A.P**: referencial global para boas práticas agrícolas, estabelecido pela GLOBALG.A.P, organização cujo objetivo central é garantir uma agricultura segura e sustentável em todo o mundo por meio da certificação voluntária de produtos agrícolas.

- **Fairtrade**: padrão mundialmente reconhecido para certificar o comércio justo (fair trade) e que há décadas vem promovendo práticas éticas ao longo das cadeias de fornecimento.
- **HACCP (hazard analysis and critical control point)**: HACCP, ou análise de perigos e pontos críticos de controle (APPCC), é um sistema de gestão de segurança alimentar. O sistema analisa as diversas etapas da produção de alimentos para detectar perigos potenciais à saúde dos consumidores e determinar medidas preventivas para controlar esses perigos. Atualmente, um sistema de APPCC pode ser certificado pela ISO 22000.
- **MSC (Marine Stewardship Council)**: MSC é uma organização não governamental sem fins lucrativos criada para combater a pesca insustentável. A certificação do MSC reconhece e recompensa os esforços para proteger os oceanos e garantir a continuidade de fornecimento de produtos da pesca para o futuro.
- **Halal**: "halal" é uma palavra do árabe que pode ser traduzida como "lícito", ou "permitido", de acordo com as regras da Shariah (lei islâmica). Um certificado halal "atesta que determinado produto respeitou estas regras em todas as suas etapas de produção e industrialização. Deste modo, quando um consumidor islâmico adquire um produto com a certificação Halal, saberá que ele foi produzido respeitando as regras estabelecidas por sua religião" (Brasil, 2022).
- **Kosher**: o certificado kosher é emitido para atestar que os produtos fabricados por determinada empresa obedecem a normas específicas da dieta judaica ortodoxa. Trata-se de uma certificação reconhecida mundialmente pela comunidade judaica.

Capítulo 11

Formando uma rede sustentável

Neste capítulo, listo algumas organizações, movimentos, negócios e pessoas que estão fazendo a diferença, inspirando o desenvolvimento e a inclusão social, a sustentabilidade, a alimentação saudável e a cidadania. Todas essas iniciativas mostram como o setor gastronômico e os serviços de alimentação em geral podem contribuir com a mudança de paradigma de que precisamos.

Vale a pena conhecer os projetos aqui listados e, quem sabe, firmar parcerias que contribuam para o desenvolvimento sustentável de sua região.

Movimentos, campanhas e ONGs dedicados ao desenvolvimento social, à cidadania e à sustentabilidade

- **Abicom**: reúne empresas de pequeno, médio e grande portes que produzam, transformam, representam, utilizam os polímeros biodegradáveis e compostáveis, além de empresas que fazem parte da cadeia de revalorização do resíduo orgânico através da compostagem e prestadores de serviço ao setor. https://abicom.org.br/
- **Anjos da Cidade**: doações para pessoas em situação de rua. https://www.anjosdacidade.org/
- **Associação Brasileira de Compostagem (AB|Compostagem)**: é uma organização que reúne profissionais, empresas e empreendedores dedicados à promoção e implementação da compostagem no Brasil. Fundada em 2022, nossa associação tem como missão promover a compostagem como a principal solução para a gestão de resíduos orgânicos no Brasil. (https://www.abcompostagem.com.br/)
- **Associação Brasileira dos Profissionais para o Desenvolvimento Sustentável (Abraps)**: autora do Manifesto 17:30. https://abraps.org.br/manifesto1730/
- **Cozinha Solidária**: cozinhas criadas para ajudar a combater a fome no Brasil. https://www.cozinhasolidaria.com/
- **FAO no Brasil**: Organização das Nações Unidas para a Alimentação e a Agricultura. https://www.fao.org/brasil/pt/
- **Favela Orgânica**: iniciativa que visa modificar a relação das pessoas com os alimentos e evitar o desperdício. http://favelaorganica.com.br
- **Fru.to**: plataforma de engajamento e mobilização para discutir a alimentação. https://fru.to/
- **Gastromotiva**: ONG que trabalha com iniciativas de combate à fome e à insegurança alimentar e geração de renda a partir da educação em gastronomia. https://gastromotiva.org/

- **Gastronomia Periférica**: projeto que oferece formação gratuita em gastronomia. https://gastronomiaperiferica.com.br/
- **Gerando Falcões**: ecossistema de desenvolvimento social que atua em rede para acelerar o poder de impacto de líderes em favelas. https://gerandofalcoes.com/
- **Greenpeace Brasil**: organização global que atua na defesa do meio ambiente. https://www.greenpeace.org/brasil/
- **Green Sampa**: iniciativa da Prefeitura de São Paulo que busca reunir atores estratégicos do setor de economia verde através de tecnologias sustentáveis. https://adesampa.com.br/greensampa/
- **Hamburgada do Bem**: ONG que atende crianças e jovens de comunidades carentes através de eventos como a Hamburgada na Rua. https://www.hamburgadadobem.com.br/
- **Instituto Akatu**: organização sem fins lucrativos que atua na sensibilização, mobilização e engajamento para o consumo consciente. https://akatu.org.br/
- **Instituto Chico Mendes**: ONG que desenvolve ações buscando a conservação dos recursos naturais. https://institutochicomendes.org.br/
- **Instituto Comida do Amanhã**: instituto que atua para conscientizar indivíduos, instituições e tomadores de decisão sobre a necessidade de transição para sistemas alimentares saudáveis e sustentáveis. https://www.comidadoamanha.org/
- **Instituto Kairós**: entidade que atua pelo desenvolvimento da agroecologia e a garantia da alimentação saudável. https://institutokairos.net/
- **Instituto Lixo Zero Brasil**: organização que divulga o conceito de lixo zero no Brasil e certifica empresas interessadas. https://ilzb.org/
- **Ligue os Pontos**: iniciativa da Prefeitura de São Paulo para promover o desenvolvimento sustentável do território rural e aprimorar suas relações com o meio urbano. https://ligueospontos.prefeitura.sp.gov.br/

- **Mãos de Maria**: negócio de impacto social no ramo alimentício que tem apoiado milhares de mulheres em Paraisópolis. https://maosdemariabrasil.com.br/
- **Novos Sonhos**: projeto que desenvolve uma série de ações na Cracolândia. https://www.facebook.com/projetonovossonhos/
- **Observatório da Gastronomia**: espaço de articulação direcionado ao fortalecimento da cadeia da alimentação e da gastronomia. https://www.prefeitura.sp.gov.br/cidade/secretarias/desenvolvimento/observatorio_da_gastronomia/index.php?p=264013
- **Organis**: entidade que trabalha para divulgar conceitos e práticas orgânicas. https://organis.org.br/
- **Padre Júlio Lancellotti**: há décadas assiste a população de rua de São Paulo. https://www.instagram.com/padrejulio.lancellotti/
- **Pãozinho Solidário**: projeto social mantido por voluntários que leva café e pão para pessoas em situação de rua. https://www.instagram.com/paozinhosolidario/
- **Sampa+Rural**: plataforma que reúne iniciativas de agricultura, turismo e alimentação saudável. https://sampamaisrural.prefeitura.sp.gov.br/
- **Segunda Sem Carne**: campanha da Sociedade Vegetariana Brasileira (SVB). https://segundasemcarne.com.br/
- **Slow Food Brasil**: instância brasileira do movimento global que se organiza em rede para defender alimentação boa, limpa e justa. http://www.slowfoodbrasil.com/
- **SP Invisível**: projeto social que ajuda a população de rua. https://www.spinvisivel.org/
- **Tem Sentimento**: coletivo dedicado a gerar renda para mulheres cis e trans na região da Cracolândia. https://www.coletivotemsentimento.com.br/
- **Unidos do Bem**: associação que atua em comunidades com o objetivo de atender pessoas em situação de insegurança alimentar. https://unidosdobem.org.br/

- **Vaga Lume**: ONG dedicada a implantar bibliotecas comunitárias na Amazônia. https://vagalume.org.br/
- **WWF Brasil**: organização global dedicada à conservação da natureza. https://www.wwf.org.br/

ONGs e soluções para evitar o desperdício de alimentos

- **Banco de Alimentos**: ONG que recolhe alimentos que já perderam valor de prateleira no comércio e na indústria, mas ainda estão perfeitos para consumo, e os distribui onde são mais necessários. https://bancodealimentos.org.br/
- **Comida Invisível**: plataforma que atua como ponte direta entre empresas (restaurantes, supermercados, hotéis, buffets, bares, etc.) e ONGs para facilitar a doação de alimentos impróprios para comércio, mas próprios para consumo. https://app.comidainvisivel.com.br/
- **Ecocina**: foodtech brasileira comprometida em reduzir o desperdício de alimentos em redes de restaurantes, hotéis e outras empresas com cozinhas comerciais. Utilizamos inteligência artificial para fornecer soluções eficientes, que ajudam nossos clientes a reduzir custos, melhorar a sustentabilidade e aumentar a eficiência. https://www.ecocina.com.br/sobre
- **Food To Save**: app que conecta estabelecimentos com consumidores interessados em comprar excedentes. https://www.foodtosave.com.br/
- **Frente Alimenta**: modelo bem-sucedido de inovação em tecnologia social, é um programa de aquisição de alimentos dentro da cidade de São Paulo. https://www.frentealimenta.com.br/
- **Leanpath**: empresa que oferece soluções em larga escala contra o desperdício de alimentos, ideal para grandes hotéis, cozinhas de eventos, refeitórios de multinacionais, etc. https://www.leanpath.com/

- **Mesa Brasil Sesc**: rede nacional de bancos de alimentos contra a fome e o desperdício, baseada em ações educativas e de distribuição de alimentos excedentes ou fora dos padrões de comercialização, mas que ainda podem ser consumidos. https://www2.sesc.com.br/portal/site/mesabrasilsesc/home/
- **Orgânico Solidário**: plataforma sem fins lucrativos, organizada sob a forma de um fundo filantrópico gerido pela Sitawi Finanças do Bem e implementado por uma rede de parceiros. Tem como objetivo principal levar alimentos orgânicos a famílias em situação de vulnerabilidade social por meio de uma rede de agricultores orgânicos que têm sua produção e renda estimuladas. https://organicosolidario.org/
- **SaveAdd**: startup que usa um sistema de inteligência artificial para identificar, diagnosticar e gerir excedentes a fim de prevenir perdas. https://www.saveadd.com.br/
- **Winnowsolutions**: tecnologia que oferece soluções para operações de larga escala para reduzir o desperdício de alimentos, ideal para hotéis e resorts, cozinhas de eventos, refeitórios de multinacionais, etc. https://www.winnowsolutions.com/

Produtores e distribuidores orgânicos na Grande São Paulo

- **A Boa Terra**: entrega de orgânicos em São Paulo, Campinas, Barueri, Ribeirão Preto e Holambra. https://www.aboaterra.com.br/ · (19) 99197-3616; (19) 3647-1321 (Liliane)
- **Alternativa Orgânica**: venda de orgânicos em feiras de São Paulo, Santo André e Santos. https://www.alternativaorganica.com.br/ · contato@alternativaorganica.com.br · (11) 97023-5924
- **Cooperativa Agroecológica dos Produtores Rurais e de Água Limpa do Sul de São Paulo e Região (Cooperapas)**: é uma cooperativa que une produtores rurais para promover a agricultura

agroecológica na região sul de São Paulo. https://www.instagram.com/cooperapas/ · atendimentocooperapas@gmail.com · (11) 99934-9330 (Eduardo)

- **CSA Atibaia (Comunidade que Sustenta a Agricultura)**: comunidade de agricultura regenerativa que busca unir produtores e consumidores. https://csaatibaia.com/loja/ · (11) 98147-4813
- **Direto da Serra**: produtor de hortaliças orgânicas de Mogi das Cruzes. http://www.diretodaserra.com.br · (11) 97172-1946; (11) 4312-0393 (Roberto Hideki Umeda)
- **Fazenda Santa Adelaide**: produtora de verduras e legumes orgânicos. https://www.instagram.com/santa_adelaide_organicos/
- **Leve Bem**: entrega de orgânicos em São Paulo, Alphaville, Granja Viana, Osasco, Cotia e Vargem Grande Paulista. https://www.levebemdelivery.com.br/ · (11) 98709-7448
- **Mercado Orgânico**: entregas na Grande São Paulo. http://www.mercadoorganico.com · (11) 3834-2299; (11) 97241-0301
- **Natural Farms Agrícola (NFA)**: hortifrúti orgânico. (11) 9 8203-2057 (Sara Nunes Lozano)
- **Orgânicos Capela de Penha**: cultiva alimentos orgânicos de grande variedade. https://capeladapenha.com.br/ · (11) 3833-9181
- **Planet Bios**: serviço de distribuição de orgânicos em Campo Belo, Zona Sul de São Paulo. https://www.instagram.com/planetbios/ · (11) 99598-1188 (Arthur)
- **Raízs**: entrega de orgânicos na Grande São Paulo, interior e litoral. http://www.raizs.com.br · (11) 3032-3310
- **Sítio 33**: produtor de orgânicos da região de Parelheiros vinculado à Cooperapas. https://www.facebook.com/sitio33/ · (11) 3231-2206 (Nelson Pereira de Almeida Pati)
- **Sítio Bebedouro**: sítio de agricultura orgânica localizado na região de Parelheiros. (11) 99250-9758 (Rose)
- **Sítio Horta e Flor**: sítio de agricultura orgânica familiar que há mais de trinta anos produz alimentos sem agrotóxico. (11) 99596-0568

- **Sítio Jardim dos Vagalumes**: lavoura orgânica e reflorestamento em Mogi das Cruzes. https://www.instagram.com/sitiojardimdosvagalumes/
- **Sítio Nossa Vida**: produtor de orgânicos da região de Parelheiros vinculado à Cooperapas. https://sitio-nossa-vida.kyte.site/ · (11) 98144-7358 (Albert Sassaki)
- **Sítio Seu Domingos**: iniciativa de agricultura orgânica em Parelheiros, na Zona Sul de São Paulo. https://www.instagram.com/eduagricultor/ · (11) 99934-9330 (Eduardo Santos Faria)
- **Sítio Sampa**: horta urbana orgânica localizada no bairro do Jaguaré. (11) 97130-1492 (Guilherme Maruxo)
- **Solo Vivo Produção e Comercio de Produtos Orgânicos LTDA**: verduras e hortaliças variadas. https://www.solovivoorganicos.com.br/
- **União de Hortas Comunitárias de São Paulo**: grupo que mantém em suas redes sociais uma lista de produtores da Grande São Paulo que trabalham com hortas comunitárias. https://www.instagram.com/uniaodehortascsp/

Fazendas verticais urbanas:
- **Fazenda Cubo**: fazenda vertical urbana no bairro de Pinheiros que produz hortaliças e brotos e atende restaurantes. https://www.fazendacubo.com.br/ · (11) 3032-2132
- **Pink Farms**: fazenda vertical na Zona Oeste de São Paulo. https://pinkfarms.com.br/

Hortas urbanas agroecológicas e ações sociais em São Paulo

As iniciativas aparecem nos territórios de diferentes formas: quintais produtivos, cultivo de plantas alimentícias não convencionais (PANCs) e flores comestíveis, hortas terapêuticas, hortas pedagógicas em escolas e hortas socioeducativas em penitenciárias, agroflorestas urbanas e hortas comunitárias, entre outras. Segundo a plataforma Sampa+Rural, coordenada pela Secretaria Municipal de Desenvolvimento Econômico e Urbano de São Paulo, a capital paulista tem 747 unidades de produção agropecuária, 140 hortas urbanas, 240 hortas em equipamentos públicos e 1.225 hortas em escolas. Citamos a seguir apenas algumas delas. Para saber mais, entre em contato com a plataforma Sampa + Rural (https://sampamaisrural.prefeitura.sp.gov.br/).

- **Cidades sem Fome**: desenvolve projetos de agricultura sustentável em áreas urbanas, possibilitando a criação de negócios sociais sustentáveis, estimulando o empreendedorismo e contribuindo de maneira eficiente na redução de impactos ambientais. https://www.cidadessemfome.org/
- **Horta Comunitária da Saúde**: criada em 2013 por meio da parceria com a subprefeitura da Vila Mariana. Considerada agroecológica, a horta utiliza resíduos alimentares na compostagem a fim de garantir seu próprio adubo. Localização: R. Paracatu, 66, Parque Imperial.
- **Horta Comunitária João de Barro**: administrada pela Associação Ambiental João de Barro, ocupa uma área da prefeitura de São Paulo. Os encontros de educação ambiental servem de incentivo para os participantes montarem outras hortas urbanas ou viveiros de mudas nativas pela cidade. Localização: R. Professor Picarolo, 123, Bela Vista · (11) 97380-8262; (11) 2384-6782.
- **Horta Comunitária Viveiro II do Butantã**: criada em 2017 com o intuito de recuperar uma área degradada, usada para o descarte de entulho. No ano seguinte, essa área começou a ser reflorestada com espécies frutíferas nativas. Localização: R. Paulo Ângelo Lanzarini, 334 – Butantã · (11) 99904-6328.
- **Horta da Ocupação 9 de Julho**: projeto social que abrange várias vertentes, sendo uma das atividades a construção da horta, na qual é utilizada a compostagem de resíduos orgânicos para o plantio de insumos. Há também uma cozinha comunitária, que conta com a colaboração de chefs como Neka Menna Barreto, Talitha Barros,

Paca Polaca, Tejinho, Beth da Matta, Companhia dos Fermentados, Carmen Virginia, Hortense Mbuyi Muanza, Cacá Vicente, Neuza Costa e Checho Gonzales. https://www.cozinhaocupacao9dejulho.com.br

- **Horta das Corujas**: horta comunitária experimental, busca criar um espaço de convívio social e educação ambiental numa praça pública no meio da cidade de São Paulo. https://www.instagram.com/hortadascorujas/
- **Horta na Laje**: criado em 2017, o projeto incentiva os moradores de Paraisópolis a cultivarem alimentos próprios. Localização: R. Ernest Renan, 1.366, Paraisópolis · (11) 3739-2217.
- **Prato Verde Sustentável**: projeto de impacto socioambiental que visa conscientizar a população de baixa renda para o consumo de alimentos nutritivos e saudáveis. https://www.pratoverdesustentavel.com.br/
- **Sabor de Fazenda**: viveiro orgânico que produz quase duzentas espécies de ervas, temperos, hortaliças e plantas alimentícias não convencionais (Pancs), tudo 100% orgânico. https://www.instagram.com/sabordefazenda/ · (11) 2631-4915 (Sabrina Jeha)
- **Sítio Sampa**: horta urbana orgânica localizada no bairro do Jaguaré. (11) 97130-1492 (Guilherme Maruxo)
- **União de Hortas Comunitárias de São Paulo**: grupo que mantém em suas redes sociais uma lista de produtores da Grande São Paulo que trabalham com hortas comunitárias. · https://www.instagram.com/uniaodehortascsp/

Outros produtos:
- **Envolve Bioembalagens**: "panos de cera", reutilizáveis e compostáveis, feitos com tecido 100% algodão e impermeabilizados com uma camada de cera de abelha, breu e óleo de coco, usados para substituir o filme plástico e o papel-alumínio ao embalar alimentos. https://envolvebioembalagens.com.br/

- **Fungo de Quintal**: entrega de vários tipos de cogumelos. https://www.fungodequintal.com.br/ · (11) 99271-4446
- **Mun Alimentos**: tempê artesanal orgânico (alimentado fermentado a partir de dois ingredientes: grãos cozidos e o fungo *Rhizopus oligosporus*. https://www.munalimentos.com.br/ · (11) 97594-1177 (Thomas)
- **Oro Bianco**: fazenda em Guaratinguetá que produz laticínios 100% leite de búfala. http://www.orobianco.com.br/ · (12) 3125-3130; (12) 7814-2707
- **Pamalani**: produtos artesanais, de alta qualidade, a base de coco como leite de coco, iogurtes e leites vegetais. http://www.pamalani.com.br/ · (11) 97499-7406

Serviços de gestão de resíduos orgânicos e outros

- **5ECOS**: reciclagem de resíduos orgânicos em equipamentos que aceleram o processo de compostagem. http://5ecos.com.br/ · 5ecos@5ecos.com.br · (19) 98181-4019
- **Elvi**: composteira para restaurantes. https://www.elvi.com.br/
- **Ecocircuito**: biodigestores capazes de transformar resíduos orgânicos em efluente 100% natural, que pode ser descartado ou destinado para tratamento a fim de ser usado como água de reúso. https://ecocircuito.com.br/ · contato@ecocircuito.com.br · (11) 96188-6276
- **Ecóleo**: coleta de óleo usado de cozinha. http://ecoleo.org.br/ · contato@ecoleo.org.br · (11) 3081-3418
- **HomeBiogas**: sistema autônomo que produz biogás usando apenas restos de comida e esterco. https://homebiogas.com.br/ · contato@homebiogas.com.br · (11) 94048-8663
- **Morada da Floresta**: projetos e implementação de compostagem *in loco*, consultoria em gestão ambiental e treinamentos. https://moradadafloresta.eco.br/ · sac@moradadafloresta.eco.br · (11) 97121-0026
- **ONG Trevo**: coleta de óleo de cozinha usado. http://trevo.org.br/index.php · trevo@trevo.org.br · (11) 2061-3867; (11) 99119-4855

- **Planta Feliz**: negócio de impacto socioambiental idealizado por Marina Sierra de Camargo e Adriano Sgarbi, localizado no extremo Sul da cidade de São Paulo, com estrutura para compostar resíduos orgânicos usando o método aeróbio termofílico. https://www.plantafelizadubo.com.br/ · plantafelizadubo@gmail.com · (11) 96326-8425
- **Preserva**: reciclagem de óleo vegetal. http://www.preservarecicla.com.br/ · (11) 4702-2411; (11) 97445-7241
- **Realixo**: empresa de coleta de resíduos orgânicos e recicláveis, parceira do Sítio Sampa, para onde leva os resíduos orgânicos coletados para serem transformados em adubo. A Realixo também oferece o serviço lixo zero para eventos. https://www.realixo.com.br/
- **Topema Innovations**: recicladora de lixo orgânico. https://www.topema.com/
- **Trasix**: composteiras automáticas que facilitam a compostagem no próprio local, seja ele uma cozinha industrial ou um restaurante. http://www.trasix.com.br/ · comercial@trasix.com.br · (11) 3032-4148; (11) 2532-7057

Reciclagem de resíduos inorgânicos e cooperativas de catadores

- **Associação Nacional dos Catadores (Ancat)**: uma associação civil sem fins lucrativos formada por e para catadores de materiais recicláveis. https://ancat.org.br/
- **Cataki**: aplicativo para buscar catadores em sua região. https://www.cataki.org/pt/
- **Ciclou**: upcycling. https://www.ciclou.com.br/ · contato@ciclou.com.br · (11) 4395-1993; (11) 97658-9686
- **Green Mining**: reciclagem de vidro. https://greenmining.com.br/ · contato@greenmining.com.br
- **Grupo Muda**: ajuda empresas em iniciativas de logística reversa. https://grupomuda.com/ · contato@grupomuda.com · (11) 91730-2494; (11) 3881-6017

- **Marquinhos e equipe**: catadores na região da Vila Madalena. (11) 93202-5815
- **Movimento Nacional dos Catadores de Materiais Recicláveis (MNCR)**: movimento social que reúne catadores de materiais recicláveis do Brasil. http://www.mncr.org.br/
- **YouGreen**: cooperativa de reciclagem. https://yougreen.coop/ · comercial@yougreen.coop · (11) 2232-5777; (11) 94530-2788

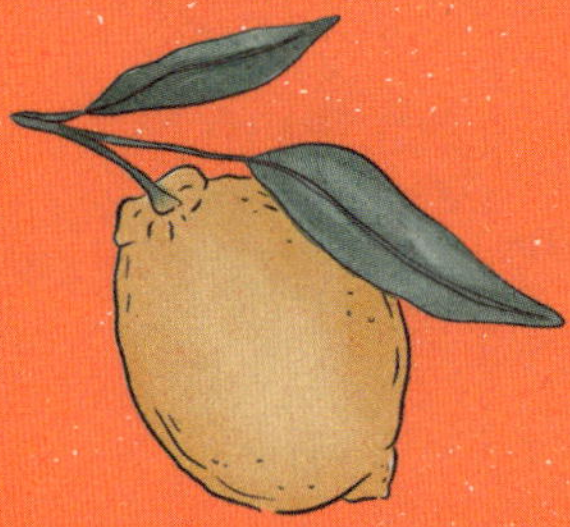

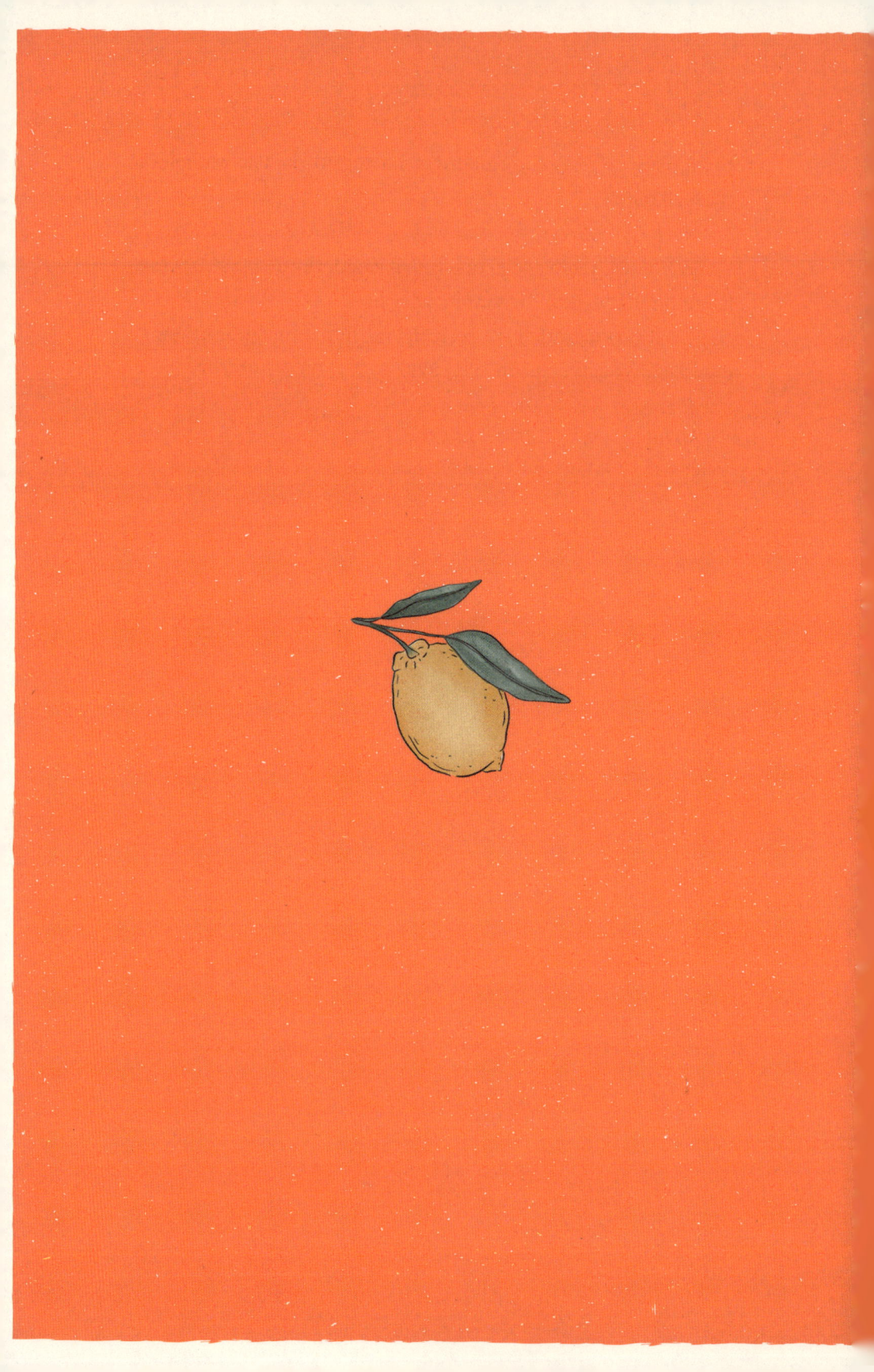

Referências

ASSOCIAÇÃO BRASILEIRA DE BARES E RESTAURANTES (ABRASEL). **Perfil da Abrasel**. Belo Horizonte, [2022]. Disponível em: https://abrasel.com.br/abrasel/perfil-da-abrasel/. Acesso em: 22 fev. 2024.

ASSOCIAÇÃO BRASILEIRA DE BARES E RESTAURANTES (ABRASEL). **Saiba quantos tipos de dark kitchens existem e quais são as melhores para o seu negócio**. Belo Horizonte, 26 jul. 2021. Disponível em: https://abrasel.com.br/revista/mercado-e-tendencias/existem-quantos-tipos-de-dark-kitchens-clique-aqui-e-confira/. Acesso em: 19 dez. 2023.

ASSOCIAÇÃO BRASILEIRA DE NORMAS TÉCNICAS. **ABNT NBR 15448-2**: embalagens plásticas degradáveis e/ou de fontes renováveis: parte 2: biodegradação e compostagem: requisitos e métodos de ensaio. Rio de Janeiro: ABNT, 2008.

ASSOCIAÇÃO BRASILEIRA DE NORMAS TÉCNICAS. **ABNT PR 2030**: ambiental, social e governança (ESG): conceitos, diretrizes e modelo de avaliação e direcionamento para organizações. Rio de Janeiro: ABNT, 2022.

BARBER, Dan. **O terceiro prato**: notas de campo sobre o futuro da comida. Rio de Janeiro: Rocco, 2014.

BRASIL. **Lei nº 11.346, de 15 de setembro de 2006**. Cria o Sistema Nacional de Segurança Alimentar e Nutricional – SISAN com vistas em assegurar o direito humano à alimentação adequada e dá outras providências. Brasília, DF: Presidência da República, 2006. Disponível em: https://www.planalto.gov.br/ccivil_03/_ato2004-2006/2006/lei/l11346.htm. Acesso em: 22 jan. 2024.

BRASIL. **Lei nº 14.016, de 23 de junho de 2020**. Dispõe sobre o combate ao desperdício de alimentos e a doação de excedentes de alimentos para o consumo humano. Brasília, DF: Presidência da República, 23 jun. 2020a. Disponível em: https://www.in.gov.br/en/web/dou/-/lei-n-14.016-de-23-de-junho-de-2020-263187111. Acesso em: 9 jan. 2024.

BRASIL. Ministério da Agricultura e Pecuária. **O que são produtos orgânicos?** Brasília, DF, 8 maio 2020b. Disponível em: https://www.gov.br/agricultura/pt-br/assuntos/sustentabilidade/organicos/o-que-sao-produtos-organicos. Acesso em: 13 jan. 2024.

BRASIL. Ministério da Saúde. **Guia alimentar para a população brasileira**. Brasília, DF: Ministério da Saúde, 2014. Disponível em: https://bvsms.saude.gov.br/bvs/publicacoes/guia_alimentar_populacao_brasileira_2ed.pdf. Acesso em: 9 jan. 2024.

BRASIL. Ministério da Saúde. **Saúde apresenta atual cenário das doenças não transmissíveis no Brasil**. Brasília, DF, 15 set. 2021. Disponível em: https://www.gov.br/saude/pt-br/assuntos/noticias/2021/setembro/saude-apresenta-atual-cenario-das-doencas-nao-transmissiveis-no-brasil. Acesso em: 18 jan. 2024.

BRASIL. Ministério do Meio Ambiente. **Gestão de resíduos orgânicos**. Brasília, DF, 2017. Disponível em: https://antigo.mma.gov.br/cidades-sustentaveis/residuos-solidos/gest%C3%A3o-de-res%C3%ADduos-org%C3%A2nicos.html. Acesso em: 11 jan. 2024.

BRASIL. Siscomex. **Certificação halal**. Brasília, DF, 8 mar. 2022. Disponível em: https://www.gov.br/siscomex/pt-br/servicos/aprendendo-a-exportarr/conhecendo-temas-importantes-1/certificacao-halal. Acesso em: 15 jan. 2024.

BUONO, Luiz. De um insight para um novo modelo de agência. **LinkedIn**, [*s. l.*], 2019. Disponível em: https://pt.linkedin.com/pulse/de-um-insigth-para-novo-modelo-ag%C3%AAncia-luiz-buono. Acesso em: 19 mar. 2024.

CALLEGARO, Iara do Carmo; LÓPEZ, Xosé Antón Arnesto. **Culturas alimentares, biodiversidade e segurança alimentar no território de identidade**. Jundiaí: Paco, 2018. *E-book:*

CAPRA, Fritjof; LUISI, Pier Luigi. **A visão sistêmica da vida**: uma concepção unificada e suas implicações filosóficas, políticas e econômicas. São Paulo: Cultrix, 2014.

CHOPRA, Deepak. **As sete leis espirituais do sucesso**. Rio de Janeiro: BestSeller, 1994.

COMISSÃO MUNDIAL SOBRE MEIO AMBIENTE E DESENVOLVIMENTO. **Nosso futuro comum**. Rio de Janeiro: Editora da Fundação Getulio Vargas, 1991.

COMMODITY. *In*: DICIONÁRIO eletrônico Houaiss da língua portuguesa. [*S. l.*]: Uol, [20--]. Disponível em: https://houaiss.uol.com.br/. Acesso em: 13 mar. 2024.

DUHIGG, Charles. **O poder do hábito**: por que fazemos o que fazemos na vida e nos negócios. Rio de Janeiro: Objetiva, 2012.

ERIKSON, Erik H. **Infância e sociedade**. Rio de Janeiro: Zahar, 1972.

EUROPEAN INSTITUTE OF INNOVATION FOR SUSTAINABILITY (EIIS). Understanding the difference between complicated and complex is critical to innovation for sustainability. **LinkedIn**, [s. l.], 2023. Disponível em: https://www.linkedin.com/pulse/understanding-difference-between-complicated-complex-critical/?trackingId=SYZE6%2B5BS3uRAsVzsrZDow%3D%3D. Acesso em: 8 jan. 2024.

FERNANDES, Fernando; PEREIRA DA SILVA, Sandra Márcia Cesário. **Manual prático para a compostagem de biossólidos**. Londrina: Universidade Estadual de Londrina, [1996?].

FUNDAÇÃO HEINRICH BÖLL. **Atlas do plástico**: fatos e números sobre o mundo dos polímeros sintéticos. Rio de Janeiro: Fundação Heinrich Böll, 2020. Disponível em: https://br.boell.org/pt-br/atlas-do-plastico. Acesso em: 26 fev. 2024.

FROMM, Erich. **Ter ou ser?** Rio de Janeiro: Zahar, 1982.

INSTITUTO BRASIL ORGÂNICO. Uma breve história do movimento orgânico brasileiro. **Instituto Brasil Orgânico**, [s. l.], 2008. Disponível em: https://institutobrasilorganico.org/o-movimento-organico/nossa-historia/. Acesso em: 9 jan. 2024.

INSTITUTO LIXO ZERO BRASIL. Conceito lixo zero. **Instituto Lixo Zero Brasil**, [S. l.], 2017. Disponível em: https://ilzb.org/conceito-lixo-zero/. Acesso em: 24 jan. 2024.

INTERNATIONAL FOOD POLICY RESEARCH INSTITUTE (IFPRI). **Global food policy report 2023**: rethinking food crisis responses. Washington, DC: IFPRI, 2023. Disponível em: https://www.ifpri.org/publication/global-food-policy-report-2023-rethinking-food-crisis-responses. Acesso em: 2 jan. 2024.

LANA, Milza Moreira; PROENÇA, Lúcio Costa. Resíduos orgânicos. **Embrapa**, Brasília, DF, 25 ago. 2021. Disponível em: https://www.embrapa.br/hortalica-nao-e-so-salada/secoes/residuos-organicos. Acesso em: 23 fev. 2024.

LEAKEY, Richard; LEWIN, Roger. **The sixth extinction**: patterns of life and the future of humankind. New York: Doubleday, 1995.

LOSCHI, Maria. Comer fora de casa consome um terço das despesas das famílias com alimentação. **Agência IBGE Notícias**, Rio de Janeiro, 10 out. 2019. Disponível em: https://agenciadenoticias.ibge.gov.br/agencia-noticias/2012-agencia-de-noticias/noticias/25607-comer-fora-de-casa-consome-um-terco-das-despesas-das-familias-com-alimentacao. Acesso em: 23 fev. 2024.

MILLER, G. Tyler. **Ciência ambiental**. São Paulo: Cengage Learning, 2011.

NAÇÕES UNIDAS BRASIL. Número de pessoas afetadas pela fome sobe para 828 milhões em 2021. **Nações Unidas Brasil**, Brasília, DF, 6 jul. 2022. Disponível em: https://brasil.un.org/pt-br/189062-n%C3%BAmero-de-pessoas-afetadas-pela-fome-sobe-para-828-milh%C3%B5es-em-2021. Acesso em: 21 fev. 2024.

NAÇÕES UNIDAS BRASIL. Objetivos de Desenvolvimento Sustentável. **Nações Unidas Brasil**, Brasília, DF, 2020. Disponível em: https://brasil.un.org/pt-br/sdgs. Acesso em: 19 dez. 2023.

PEREIRA, Cristina Jaquetto; GOES, Fernanda Lira (org.). **Catadores de materiais recicláveis**: um encontro nacional. Rio de Janeiro: Ipea, 2016. Disponível em: https://www.ipea.gov.br/igualdaderacial/index.php?option=com_content&view=article&id=736. Acesso em: 1 fev. 2024.

POLLAN, Michael. **Em defesa da comida**: um manifesto. Rio de Janeiro: Intrínseca, 2008.

RELONDON. **Food that doesn't cost the earth**: how circular economy can help your business tackle climate change. London: ReLondon, 2020.

SAKURAI, Ruudi; ZUCHI, Jederson Donizete. As revoluções industriais até a indústria 4.0. **Interface Tecnológica**, Taquaritinga, v. 15, n. 2, 2018. Disponível em: https://revista.fatectq.edu.br/index.php/interfacetecnologica/article/view/386. Acesso em: 9 jan. 2024.

SÃO PAULO (Município). **Lei nº 13.478 de 30 de dezembro de 2002**. Dispõe sobre a organização do Sistema de Limpeza Urbana do Município de São Paulo [...]. São Paulo: Catálogo de Leis Municipais, 2002. Disponível em: https://legislacao.prefeitura.sp.gov.br/leis/lei-13478-de-30-de-dezembro-de-2002. Acesso em: 26 jan. 2024.

SÃO PAULO (Município). **Lei nº 17.755 de 24 de janeiro de 2022**. Dispõe sobre a doação de excedentes de alimentos pelos estabelecimentos dedicados à produção e fornecimento de refeições, e dá outras providências. São Paulo: Catálogo de Leis Municipais, 2022. Disponível em: https://legislacao.prefeitura.sp.gov.br/leis/lei-17755-de-24-de-janeiro-de-2022. Acesso em: 18 mar. 2024.

SCHWAB, Klaus. **A quarta revolução industrial**. São Paulo: Edipro, 2018.

SISODIA, Raj; SHETH, Jag; WOLFE, David B. **Empresas humanizadas**: pessoas, propósito, performance. Rio de Janeiro: Alta Books, 2019.

SP REGULA. **Resíduos de Grandes Geradores (RGG)**. São Paulo, 5 dez. 2023. Disponível em: https://www.prefeitura.sp.gov.br/cidade/secretarias/spregula/residuos_solidos/cadastro_sp_regula/index.php?p=274393. Acesso em: 19 dez. 2023.

VAI SE FOOD: Salmão: saudável ou tóxico? Feat: Liesbeth van der Meer. Apresentadora e entrevistadora: Ailin Aleixo. Entrevistada: Liesbeth van der Meer. [*S. l.*]: OLA Podcasts, 3 fev. 2021. *Podcast*. Disponível em: https://vaisefood.buzzsprout.com/2016468/10928706-salmao-saudavel-ou-toxico-feat-liesbeth-van-der-meer. Acesso em: 24 jan. 2023.

WEIL, Pierre. **Organizações e tecnologias para o terceiro milênio**: a nova cultura organizacional holística. Rio de Janeiro: Rosa dos Tempos, 1997.

WORLD HEALTH ORGANIZATION (WHO). **Diet, nutrition and the prevention of chronic diseases**. Geneva: WHO, 2002. (WHO technical report series; 916).

WORLD HEALTH ORGANIZATION (WHO). WHO advises not to use non-sugar sweeteners for weight control in newly released guideline. **WHO**, Geneva, 15 maio 2023. Disponível em: https://www.who.int/news/item/15-05-2023-who-advises-not-to-use-non-sugar-sweeteners-for-weight-control-in-newly-released-guideline. Acesso em: 18 jan. 2024.

YUNUS, Muhammad. **Um mundo sem pobreza**: a empresa social e o futuro do capitalismo. São Paulo: Ática, 1998.